C 语言程序设计训练教程

主编　崔孝凤

副主编　宋吉和　王绍卿　冷淑霞

科学出版社

北　京

内 容 简 介

本书是《C语言程序设计新思路》的配套教材。每章内容均包含重点与难点解析、习题、习题参考答案及解析等单元，除引论外每章内容均设有实验指导。重点与难点解析作为对主教材内容的补充，对疑难问题进行分析解答；习题、习题参考答案及解析对应主教材的主体内容，用于学生课后练习，以检验学习效果及巩固所学知识；实验指导用于学生上机实践，以验证及应用所学知识。

本书依据 Visual C++ 2010 Express 和 Dev-C++ 5.11 集成开发环境进行讲述，符合当前软件发展趋势，便于读者上机调试程序。

本书适合学习 C 语言程序设计的初学者使用，可作为高等院校各专业学生学习 C 语言程序设计的辅助教材和参考书。

图书在版编目（CIP）数据

C 语言程序设计训练教程 / 崔孝凤主编. —北京：科学出版社，2020.2
ISBN 978-7-03-064294-3

Ⅰ. ①C… Ⅱ. ①崔… Ⅲ. ①C语言-程序设计-教材 Ⅳ. ①TP312.8

中国版本图书馆 CIP 数据核字（2020）第 007463 号

责任编辑：胡云志 滕 云 / 责任校对：杨聪敏
责任印制：赵 博 / 封面设计：华路天然工作室

科 学 出 版 社 出版
北京东黄城根北街 16 号
邮政编码：100717
http://www.sciencep.com
北京富资园科技发展有限公司印刷
科学出版社发行 各地新华书店经销
*
2020 年 2 月第 一 版 开本：787×1092 1/16
2024 年 8 月第七次印刷 印张：14 1/4
字数：360 000
定价：**40.00 元**
（如有印装质量问题，我社负责调换）

前　言

　　C 语言是目前世界上使用较广的高级程序设计语言，广泛应用于系统程序设计、数值计算、自动控制等诸多领域。

　　C 语言的产生颇为有趣，C 语言实际上是 UNIX 操作系统的一个副产品。1972 年，美国贝尔实验室的 Dennis Ritchie 为了开发 UNIX 操作系统，而专门设计了一种新的语言 —— C 语言。C 语言具有强大的功能、很高的运行效率，兼具高级语言的直观性与低级语言的硬件访问能力，因而很快从贝尔实验室进入了广大程序员的编程世界。

　　Dennis Ritchie 设计 C 语言的初衷是用于开发 UNIX 操作系统，因此 C 语言称得上是一门专业型语言。这使得 C 语言在具有强大的功能、很高的运行效率的同时，也在一定程度上存在语法晦涩难懂、不便于初学者掌握的不足之处。因此，C 语言似乎不太适合作为程序设计初学者的入门语言。不过在现代人效率观念的驱使下，仍有许多学校将 C 语言选作程序设计初学者的入门语言。其实，这样选择也未尝不可。只不过在教学中应当思考如何采取有效的应对策略，使初学者避开晦涩难懂的语法，从 C 语言中最基本、最实用的编程方法入手，力争使学习者尽快学会程序设计的基本方法，进而达到应用编程解决实际问题的境界。

　　从学习者的角度来说，要注意抓住 C 语言学习的重点所在——编程方法，而不要沉溺于 C 语言的语法细节之中。因为学习 C 语言的目的是编写程序解决实际问题，而过于细致地研究 C 语言的语法对提高编程能力并没有大的帮助。

　　针对上述问题，本书在教学内容的编排上，采用了"编程驱动知识"的方式，即根据各章编程目标的需求，合理地安排每一个知识主题的切入点，从而将 C 语言中枯燥难懂的语法知识分解到全书各章中；采用"真实情境法"讲解语法，力求通过程序实例展示并归纳出语法知识点。本书在讲解程序实例时，采用"逐步构造法"写出程序，即通过编程思路、算法设计、程序原型等环节一步一步地构造出完整的程序，从而加深读者对编程方法的理解和掌握。

　　本书第 1 章由冷淑霞编写，第 2 章由王绍卿、刘冬霞编写，第 3、12 章由贾凌编写，第 4、6、11、13 章由崔孝凤编写，第 5、9、10 章由巨同升编写，第 7 章由宋吉和编写，第 8 章由王绍卿编写，第 14 章由刘冬霞编写。全书由崔孝凤统筹并定稿。李业刚、李增祥对本书的编写提出了宝贵的建议，在此表示感谢。

　　在本书编写过程中，作者得到了山东理工大学计算机科学与技术学院广大同仁的大力支持与帮助，在此表示感谢。

　　由于作者水平所限，书中难免存在不足之处，敬请广大读者批评指正。

作　者

2019 年 9 月于山东理工大学

目　　录

第1章 引　　论

第一单元　重点与难点解析

1. C 语言中的函数与数学中的函数有什么联系吗?

二者没有必然的联系。C 语言中的函数是程序的构成单位, 相当于某些编程语言中的子程序或过程。当然, 数学中常用的函数在 C 语言中也有相对应的库函数, 如正弦函数、对数函数等。

2. C 语言程序中的 main 可以写作 Main 吗?

不可以。在 C 语言中, 严格区分字母的大小写。因此, 关键字和标识符中字母的大小写必须与其定义形式保持一致。

3. 在 C 语言程序中, 词与词之间必须用空格分隔吗?

词与词之间可以用空格分隔, 也可以用标点符号分隔。当两个词之间没有标点符号时, 必须以空格（或换行符）分隔, 以免连成一体而导致编译系统无法识别。

4. 程序在编译时, 如果没有显示错误（error）和警告（warning）, 是否说明程序就是正确的?

不是的。在编译时只能发现程序中的语法错误, 而不能发现逻辑错误和运行错误。因此, 上述情况只能说明不存在语法错误, 而不能排除存在逻辑错误和运行错误的可能性。

第二单元　习　　题

一、判断题

1. 在 C 语言程序执行时, 总是从第一个函数开始执行的。(　　　)
2. 一个 C 语言程序可由一个或多个函数组成。(　　　)
3. C 语言的源程序可以直接执行。(　　　)
4. 在 C 语言程序中, 注释对程序的执行不产生影响。(　　　)

二、选择题

1. 以下程序中完全正确的是_____。

A.
```
#include <stdio.h>;
int main(void);
{printf("Hello world!\n");
 return 0;
}
```

B.
```
include <stdio.h>
int main(void)
{printf("Hello world!\n");
 return 0;
}
```

C.

```
#include <stdio.h>
int main(void)
{printf("Hello world!\n");
 return 0;
```

D.

```
#include <stdio.h>
int main(void)
{printf("Hello world!\n")
 return 0;
}
```

2. 以下程序中完全正确的是_____。

A.

```
#include <stdio.h>
int main(void)
{int a,b;
 a=10;
 b=20;
 c=a*b;
 print("c=%d\n",c);
 return 0;
}
```

B.

```
#include <stdio.h>
int main(void)
{int a,b;
 a=10;
 b=20;
 c=a*b;
 printf("c=%d\n",c);
 return 0;
}
```

C.

```
#include <stdio.h>
int main(void)
{INT a,b;
 a=10;
 b=20;
 c=a*b;
 printf("c=%d\n",c);
 return 0;
}
```

D.

```
#include <stdio.h>
int main(void)
{int a,b;
 a=10;
 b=20;
 c=a.b;
 printf("c=%d\n",c);
 return 0;
}
```

3. 以下叙述中错误的是_____。

A. C 语言的源程序经过编译之后生成扩展名为 obj 的目标程序

B. C 语言的源程序经过编译、连接之后生成扩展名为 exe 的可执行程序

C. C 语言的源程序是以 ASCII 码形式存储的文本文件

D. 对源程序进行编译时，可以发现程序中存在的所有错误

第三单元　习题参考答案及解析

一、判断题

1. 错误。

解析：当 C 语言程序执行时，总是从 main 函数开始执行的，而不管 main 函数位于程序的什么位置。

2. 正确。

解析：函数是 C 语言程序的基本构成单位。一个 C 语言程序是由若干个函数组成的，其中必须有一个主函数（main 函数）。

3. 错误。

解析：C 语言源程序（扩展名为 c）并不能直接运行，必须先经过编译得到目标程序（扩展名为 obj），再经过连接得到可执行程序（扩展名为 exe）。只有可执行程序才可以直接执行。

4. 正确。

解析：注释信息是为了帮助程序的阅读者（包括程序的作者）理解程序使用的。编译系统对源程序进行编译时，将会忽略所有的注释信息，因此注释信息对程序的执行不产生任何影响。

二、选择题

1. C

解析：在程序 A 中，在 include 命令、函数首部之后误加了分号。在程序 B 中，include 命令之前漏写了"#"号。在程序 D 中，printf 语句之后漏写了分号。

2. B

解析：在程序 A 中，将 printf 误写为 print。在程序 C 中，将 int 误写为 INT（在 C 语言中严格区分字母的大小写）。在程序 D 中，将 a*b 误写为 a.b。

3. D

解析：对源程序进行编译时，只能发现程序中的语法错误，而不能发现逻辑错误和运行错误。

第2章 基本的数据与运算

第一单元 重点与难点解析

1. 标识符可以随意指定吗?

标识符只能由字母、数字、下划线组成,且首字符不能是数字。另外,关键字和系统预定义的标识符,如 int、printf、struct 等也不能用作用户标识符。

2. 标识符的长度有限制吗?

标识符的长度理论可以是任意的,但有的编译器只能保证前 31 个字符或前 63 个字符是有效的。

3. 标识符区分字母的大小写吗?

在 C 语言中,标识符是严格区分字母的大小写的,如 int a, A; 这是两个不同的变量名。

4. 在使用之前的任何位置都可以定义变量吗?

C 语言规定变量必须先定义后使用。全局变量,可以在函数外的任意位置定义。局部变量的合法定义位置,依赖编译器所遵循的 C 语言规范版本。仅支持 C89 标准的编译器,只允许在块(用一对花括号括起来的语句组)的起始部分定义变量。支持 C99 标准的编译器,可以在函数内部的任意位置定义局部变量。

5. C 语言中有字符串变量吗?

没有。C 语言中使用字符数组来存储字符串,使用字符数组或字符指针来处理字符串。

6. C 语言中的运算符很多,需要牢记运算符的优先级吗?

虽然 C 语言的运算符很多,但通常在一条语句或表达式中不会出现太多的运算符。作为初学者,在实际的编程练习中,可以尝试记住一些比较常见的运算符(如算术运算符、关系运算符和逻辑运算符等)的优先级。对于相对生僻的运算符,可以使用圆括号来明确运算的先后顺序。

第二单元 习 题

一、判断题

1. C 语言不允许不同类型的数据之间进行运算。(   )

2. 一个变量被定义后,它的类型就被确定了,不可改变。(   )

3. 在 C 语言中,数值类型的数据都可进行%运算。(   )

4. 在 C 语言中,整型常量有二进制、八进制、十六进制和十进制等 4 种表示形式。(   )

5. C 语言要求定义符号常量时必须用大写字母。(   )

6. 在 C 语言中,一个变量可以同时被定义为多种类型。(   )

7. 在 C 语言中,变量可以不经定义而直接使用。(   )

8. 整数–32100 可以赋值给 int 型和 long int 型变量。(   )

9. 若 a 是实型变量,在执行了语句 a=5;之后,a 将变为整型变量。(   )

10. 在 C 语言程序中,无论是整数还是实数都能准确无误地在内存中表示出来。(   )

11. 在程序中,APH 和 aph 是两个不同的变量。(   )

12. '\018'是合法的字符常量。(   )

二、单选题

1. 下面 4 个选项中,均属于不合法的用户标识符的选项是_____。

A. Date   sum   do   B. char   lao   _123

C. b+a   if   float   D. _abc   Temp   Int

2. 下面 4 个选项中均属于合法常量的选项是_____。

A. 058   12e-3   3.6   'd'   B. -12.8   0x98   43.56e2   '\n'

C. "w"   034   0xa1   '\m'   D. 4.45   076   5.33E1.5   "how"

3. 以下叙述中不正确的是_____。

A. 在 C 语言中,%运算符与/ 运算符的优先级相同。

B. 在 C 语言中,area 和 AREA 是两个不同的变量名。

C. 在 C 语言中,可以使用二进制整数。

D. 若 a 和 b 类型相同,在执行了赋值运算 a=b 后,a 得到 b 的值,而 b 的值不变。

4. 在 C 语言中,要求运算对象必须是整型的运算符是_____。

A. /   B. *   C. +   D. %

5. 若有说明语句 char ch='\x41';,则变量 ch 包含_____个字符。

A. 1   B. 2

C. 3   D. 说明不合法,ch 的值不确定

6. 若有定义 int a=7; float x=2.5,y=4.5;,则表达式 x+a%3*(x+y)/2 的值是_____。

A. 2.500000   B. 6.000000   C. 5.500000   D. 0.000000

7. 设变量 f 是 float 型,i 是 double 型,则表达式 10+'a'+i*f 的结果的数据类型为_____。

A. int   B. float   C. double   D. 不确定

8. 以下叙述中正确的是_____。

A. 在 C 语言中,一行只能写一条语句

B. 若 a 是实型变量,则在 C 语言中不允许用其他类型的数据对其赋值

C. 在 C 语言中,无论是整数还是实数,都能被准确无误地表示

D. 在 C 语言中,%是只能用于整数运算的运算符

9. 在 C 语言中,int 型数据在内存中的存储形式是_____。

A. 原码   B. 反码   C. 补码   D. ASCII 码

10. 下列选项中,可作为 C 语言合法整数的是_____。

A. a2   B. 101011B   C. 03845   D. 0x4b5

11. 在 C 语言中,字符型数据在内存中的存储形式是_____。

A. 原码   B. 反码   C. 补码   D. ASCII 码

12. 若短整型数据用 2 字节存储,则 unsigned short int 型数据的取值范围是_____。

A. 0~65535   B. 0~255   C. -128~127   D. -32768~32767

13. C 语言的数值类型包括_____。

A. 整型 实型 逻辑型　　　　　　　B. 整型 字符型 逻辑型

C. 长整型 浮点型 结构体型　　　　D. 整型 实型 字符型

14. 若已定义 c 为字符型变量，则下列赋值中正确的是_____。

A. c='97'　　　　B. c='c'　　　　C. c="97"　　　　D. c="c"

15. 已知字母 A 的 ASCII 码为十进制数 65，且 c2 为字符型，则执行语句 c2='A'+'6'-'3';
后，c2 中的值为_____。

A. 68　　　　　　B. 'D'　　　　　　C. '0'　　　　　　D. 错误

三、改错题

阅读下列程序，并改正其中的错误。

1.
```c
#include <stdio.h>
int main(void)
{float a,b;
 b=a%2;
 printf("b=%d\n",b);
 return 0;
}
```

2.
```c
#include <stdio.h>
int main(void)
{char ch;
 int i;
 i=65;
 ch="a";
 printf("i=%c,ch=%c\n",i,ch);
 printf("i=%d,ch=%d\n",i,ch);
 return 0;
}
```

3.
```c
#include <stdio.h>
int main(void)
{int a=b=5,c;
 c=a+b;
 printf("c=%d\n",c);
 return 0;
}
```

四、编程题

1. 从键盘输入一个正整数 x，编写程序计算它的平方根。

2. 从键盘输入圆环的内外半径值，编写程序计算它的面积。

3. 编写程序将"China"加密成密文，加密规则是：用原字母后面第 3 个字母代替原字母。

第三单元 习题参考答案及解析

一、判断题

1. 错误。

解析：在 C 语言中，数值类型的数据间是可以混合运算的。

2. 正确。

解析：C 语言规定，变量一旦定义，它的类型就不可改变。

3. 错误。

解析：%表示求余数运算。在 C 语言中，只有整型数据可以进行%运算。

4. 错误。

解析：在 C 语言中，整型常量没有二进制的表示形式。

5. 错误。

解析：在 C 语言中定义符号常量时，习惯上使用大写字母是为了与变量名相区别，并不是必须的。

6. 错误。

解析：一个变量一经定义，就确定了其类型和存储格式，不能改变。

7. 错误。

解析：C 语言规定变量必须是先定义再使用。

8. 正确。

解析：int 型和 long int 型变量的最下限是-2147483648，因此可以存储-32100。

9. 错误。

解析：变量一经定义，其类型不会发生改变。整数 5 将转换为实型数据存储。

10. 错误。

解析：实型数据在内存中存储的二进制位数是有限的，而当一个十进制实数转化为二进制实数时，其有效数字位数有可能会超过尾数的存储长度，因而实型数据往往是有误差的。

11. 正确。

解析：C 语言中变量名区分大小写，因此这是不同的两个变量。

12. 错误。

解析:转义字符中八进制数的表示形式是'\ddd',用三位八进制数表示一个 ASCII 字符，但是八进制数中不能包含数字 8。

二、单选题

1. C

解析：用户标识符只能由数字、字母和下划线组成，且首字符不能是数字，也不能使用关键字和系统预定义的标识符。

2. B

解析：选项 A 中 058 不是合法常量，因为数字 0 开头的表示八进制数，不能出现 8 和 9。选项 C 中'\m'不是合法常量，因为没有这个转义字符。选项 D 中 5.33E1.5 不是合法常量，因为指数部分不能是小数。

3. C

解析：在 C 语言中，整数没有二进制表示形式。

4. D

解析：求余数运算符%只能用于整型数据之间。

5. A

解析：反斜杠\开头的字符表示转义字符，x 表示这是一个十六进制整数，换算成十进制就是 65。对应的字符是'A'。

6. B

解析：根据运算符的优先级，（x+y）的运算结果是 7.000000，a%3 的运算结果是 1，所以最终运算结果是 6.000000。

7. C

解析：不同类型的数值类型进行运算时，首先把低精度的数据转换成高精度的数据。所以最后的数据类型是 double 型。

8. D

解析：C 语言中，一行可以写多条语句，但实际使用时，为使程序更加有条理，习惯上每行只写一条语句。不同类型的数据可以进行混合运算，其中就包括赋值运算。因为计算机内部使用二进制形式来进行存储，所以某些实数型数据只能存储其近似值。

9. C

解析：相对于原码和反码，补码的运算规则最为简单明了。不论参加运算的两个数是同号还是异号，也不论两个数的绝对值哪一个大、哪一个小，其运算规则都是相同的。故计算机内部表示有符号数时，通常采用补码形式。

10. D

解析：选项 A 在 C 语言中被认为是一个变量名。C 语言中没有二进制的表示形式，所以选项 B 是不合法的整数。选项 C 中的数字是以 0 开头的，表示八进制整数，但八进制整数中不能有 8 和 9。 选项 D 是一个合法的十六进制整数。

11. D

解析：字符型数据在内存中占一字节，是以二进制 ASCII 码的形式存储的。

12. A

解析：用两字节存储 unsigned short int 型数据，就是使用 16 个二进制位，由于是无符号数，所以最小是 0，最大是 16 个 1，即 $2^{16}-1$。

13. D

解析：C 语言规定，数值类型包括整型、实型、字符型。

14. B

解析：首先字符型变量 c 中只能存储字符型常量，字符型常量用单引号做定界符，因此使用双引号的选项都是错误的。其次在字符型常量的定义中，单引号括起来的是单个字符，因此 A 是错误的。

15. B

解析：不管字符'6'和字符'3'的 ASCII 码值是多少，它两者的差一定是 3。字符'A'加上 1 是字符'B'，再加 1 是字符'C'，再加 1 是字符'D'。

三、改错题

1. 将语句 float a,b;改为 int a,b;，并在语句 b=a%2；之前增加语句 scanf（"%d",&a）；。

解析：变量 a 未赋值或输入值。程序中有关于 a 的%运算，而%运算符对应的运算量和结果只能是整型数据，且 printf 中的格式字符是%d。所以，变量 a、b 的数据类型是 int。

2. 将语句 ch="a";改为 ch='a';。

解析：ch 是一个字符型变量，只能存储字符常量，而双引号表示的是字符串常量，所以需要把双引号改为单引号。

3. 将语句 int a=b=5,c;改为 int a=5,b=5,c;。

解析：语句 int a=b=5,c;这种形式只定义了变量 a、c，变量 b 则是未经定义而直接引用。因此变量初始化时，不能用连续赋值的形式，否则会提示变量未定义的错误。不同的变量名之间需要用逗号作为分隔符。

四、编程题

1.
```c
#include <stdio.h>
#include <math.h>
int main(void)
{int x;
 float y;
 scanf("%d",&x);
 y=sqrt(x);
 printf("y=%f\n",y);
 return 0;
}
```

2.
```c
#include <stdio.h>
int main(void)
{float r1,r2,s;
 scanf("%f%f",&r1,&r2);
 s=3.14159*r1*r1-3.14159*r2*r2;
 printf("s=%f\n",s);
 return 0;
}
```

3.
```c
#include <stdio.h>
int main(void)
{char c1='C',c2='h',c3='i',c4='n',c5='a';
 c1=c1+3;
 c2=c2+3;
 c3=c3+3;
 c4=c4+3;
 c5=c5+3;
 printf("password is %c%c%c%c%c\n",c1,c2,c3,c4,c5);
 return 0;
}
```

第四单元 实 验 指 导

实验一

一、实验目的

1. 进一步熟悉 C 语言程序的编辑、编译、连接和运行过程。

2. 了解 C 语言的基本数据类型，熟悉变量的定义及赋值，掌握各基本类型数据输出时所用格式符。

二、实验要求

1. 在 C 语言运行环境下，编辑录入源程序并分析其运行结果。

2. 写出本次实验的实验报告。

三、实验内容

1. 调试运行以下程序，观察并分析输出结果。

```c
#include <stdio.h>
int main(void)
{int i;          /*变量定义*/
 unsigned u;
 char c;
 float f;
 i=200;          /*变量赋值*/
 u=-1;
 c='a';
 f=123.45;
 printf("i=%d ,u=%u, c=%c, f=%f\n",i,u, c,f);
 /*变量输出：i 按有符号十进制整数输出，u 按无符号十进制整数输出，c 按字符型输出，
   f 按十进制小数输出*/
 return 0;
}
```

若将变量 u 按%d 格式输出（将最后 printf（ ）中的 u=%u 改为 u=%d），结果会怎样，为什么？

2. 输入并运行下面的程序：

```c
#include <stdio.h>
int main(void)
{char c1,c2;
 c1='a';
 c2='A';
 printf("%c,%c\n",c1,c2);
 printf("%d,%d\n",c1,c2);
 return 0;
}
```

（1）若将原程序中第二行的 char c1,c2 改为

```
int c1,c2;
```
运行验证其结果有何不同，并分析原因。

（2）若将原程序的第 4 行、第 5 行分别改为

```
c1=400;
c2=500;
```
运行验证其结果，并分析原因。

3. 已知平面上 A、B 两点的直角坐标值，编写程序求两点之间的距离。

实验二

一、实验目的

1. 掌握 C 语言中算术运算符及算术表达式，特别是/和%运算符的用法。
2. 理解运算符的优先级和结合性。

二、实验要求

1. 在 C 语言运行环境中，编辑录入源程序并预分析其运行结果。
2. 调试运行源程序，并记录调试运行过程中出现的所有错误及改正方法。
3. 写出本次实验的实验报告。

三、实验内容

1. 调试运行以下程序，观察输出结果，并分析出现这样结果的原因。

```
#include <stdio.h>
int main(void)
{float x,y,i;
 int j;
 i=j=10;
 x=1/i;
 y=1/j;
 printf("x=%f,y=%f\n",x,y);
 return 0;
}
```

2. 编写程序，从键盘输入一个以秒为单位的时间值，将其转换成时分秒的形式输出。

第3章　顺序结构程序设计

第一单元　重点与难点解析

1. a=10 与 a=10; 有什么区别？

a=10 是一个赋值表达式，而 a=10; 是一条赋值语句。在赋值表达式的尾部添加分号";"就构成了赋值语句。

2. 空语句什么也不做，为何还要使用？

空语句不执行任何操作，通常用于一些特殊场合。例如：

```
int  i;
for(i=0;i<10;i++);
```

此循环中的循环体为空语句，这个循环什么也不做，起延时的作用。另外，空语句可以用作对程序扩展预留的伏笔。例如，程序中有一些功能并不在当前实现，此时可以使用空语句，再在适当时间填补语句进行功能扩展。

3. 在输入多个整数或实数时，如果希望数据之间用空格作为间隔，应该如何组织 scanf 函数的格式控制字符串？

scanf 函数用于从标准输入设备（通常是键盘）输入数据，并存入指定的变量中。scanf 函数的一般形式如下：

scanf（格式控制字符串，变量地址表）

在输入数据时，一般以空格、回车、逗号等作为数据的分隔符。在输入多个整数或实数时，如果希望数据之间空格作为间隔，那么 scanf 函数的格式控制字符串中只需紧凑写入各数据的格式字符，不必写入其他符号，例如，scanf（"%d%o%x",&a,&b,&c）;。在执行程序键入数据值时，数据之间键入空格即可。

4. scanf 函数中变量名之前必须要写 "&" 吗？

在 C 语言中函数的参数只能进行单向传递（详细内容将在第 9 章讲述）。如果 scanf 函数中的第二个参数是普通变量名，那么输入的数据将无法传回到这个变量中。因此，变量名之前的 "&" 是必不可少的，除非这个变量是一个指针变量（有关内容将在第 7 章讲述）。

5. 若希望在输入数据时首先给出提示信息，应该如何实现呢？

scanf 函数的功能是按指定格式从键盘读入数据；printf 函数的功能是按指定格式向显示器输出数据。scanf 函数格式控制字符串中的普通字符需要在键盘上原样输入，而输入数据前的提示信息属于显示器将呈现的内容，因此提示信息的内容需要在执行 scanf 函数之前，使用 printf 函数进行输出。

第二单元　习　　题

一、判断题

1. C 语言程序中的 "=" 是赋值运算符，与数学中等号的功能相同。（　　　　）

2. C 语言中，printf 函数的格式说明"%10.4f"中 10 表示数据输出的最小宽度，4 表示小数位数。（　　）

3. 假设有 float x=3;，则 x%2 的值为 1。（　　）

4. 复合语句是用一对花括号括起来的若干条语句，从语法上讲，复合语句视为一条语句。（　　）

5. 使用 getchar 和 putchar 函数能够在标准输入输出设备上输入或输出一个字符。（　　）

二、选择题

1. 若有定义 int a,b; float x,y;，以下选项中正确的赋值语句是＿＿＿＿＿＿。
   A. a=1,b=2,　　　　　B. y=（x%2）/10;　　C. x=（y=8）–a;　　D. a+b=x;

2. 若有定义 int a=5,b;，以下选项中不能给 b 赋值为 2 的语句是＿＿＿＿＿＿。
   A. b=a/2;　　　　　　B. b=b+2;　　　　　　C. b=2%a;　　　　　　D. b=5;b=2;

3. 若有定义 int a=8,b=5,c;，执行语句 c=a/b+0.4;后 c 的值是＿＿＿＿＿＿。
   A. 1.4　　　　　　　B. 1　　　　　　　　　C. 2.0　　　　　　　　D. 2

4. 若有 int a,b,c;，要给变量 a、b、c 输入数据，以下正确的输入语句是＿＿＿＿＿＿。
   A. read（a,b,c）;　　　　　　　　　　　B. get（"%d%d%d",a,b,c）;
   C. scanf（"%d%d%d",a,b,c）;　　　　　　D. scanf（"%d%d%d",&a,&b,&c）;

5. 若有 float a,b,c;，要通语句 scanf（"%f%f%f",&a,&b,&c）;给 a 赋值 10、b 赋值 22、c 赋值 33，以下不正确的输入形式是＿＿＿＿＿＿。
   A. 10　　　　　　　　B. 10.0,22.0,33.0　　C. 10.0　　　　　　　D. 10　　22
   22　　　　　　　　　　　　　　　　　　　22.0 33.0　　　　　　33
   33

6. 若有语句 int a,b;　scanf（"%d,%d",&a,&b）;，以下数据的输入格式中不能实现把值 3 赋给 a、5 赋给 b 的选项是
   A. 3, 5,　　　　　　　B. 3, 5, 4　　　　　　C. 3 5　　　　　　　D. 3, 5

7. 若变量已正确定义和赋值，要将 a 和 b 的值进行交换，下面不正确的语句组是＿＿＿＿＿＿。

   A. a=a+b; b=a–b; a=a–b;　　　　　　B. t=a; a=b; b=t;
   C. a=t; t=b; b=a;　　　　　　　　　D. t=b; b=a; a=t;

8. 以下程序段的输出结果是＿＿＿＿＿＿。

```
int a=1234;
double b=3.141593;
printf("%3d%7.6f\n",a,b);
```

   A. 12343.141593　　　　　　　　　　　B. 123　3.141593
   C. 12343.14159　　　　　　　　　　　　D. 123, 3.141593

三、填空题

1. 若有语句 int i=0,j=0,k=0; scanf（"%d",&i）;　scanf（"%d",&j）; scanf（"%d",&k）;运行程序时，若从键盘输入：

23.4↙

则变量 i、j、k 的值分别是＿＿＿＿＿＿、＿＿＿＿＿＿、＿＿＿＿＿＿。

2. 复合语句在语法上被认为是_____。空语句的形式是_____。

3. 设 ch1、ch2 和 ch3 为字符型变量，若要执行语句 scanf（"%c%c　%c",&ch1,&ch2,&ch3）;使变量 ch1、ch2 和 ch3 分别存放小写字母 a、b 和 c，则输入数据的形式是_____。

4. 若整型变量 a 与 b 的值分别为 2 和 3，要求按照以下格式输出 a 与 b 的值：

```
a=2
b=3
```

相应的输出语句是 printf("_____",a,b);。

5. 有以下程序段：

```
char ch1,ch2;
int n;
ch1=getchar();
ch2=getchar();
n=ch1-ch2;
printf("%d",n);
```

若程序运行时输入：23↙，则输出 n 的值是_____。

四、改错题

1. 输入球体的半径,求其体积。上机调试下面的程序,分析系统给出的错误提示并改正。

```
#include <stdio.h>
#define PI 3.14159;              (1)
int main                        (2)
{float r,v;
printf("Input r:");
scanf("%d",&r);                 (3)
v=4/3*PI*r*r*r;                 (4)
printf("V is %f\n",v);
return U;
}
```

2. 输入一个'0'~'9'之间数字字符,转换成对应的整数,并输出。上机调试下面的程序,分析系统给出的错误提示并改正。

```
#include <stdio.h>
int main(void)
{char c;
char n;                         (1)
getchar(c);                     (2)
n=c-'0';
putchar(n);                     (3)
return 0;
}
```

五、读程序写结果

```
1.#include <stdio.h>
int main(void)
```

```
{int a;
 float b;
 double c;
 a=b=c=20/3;
 printf("%d,%f,%f\n",a,b,c);
 return 0;
 }
```

2.
```
#include <stdio.h>
int main(void)
{float x=3.4,y=5.6;
 int a=12,b=45;
 printf("a=%6d,b=%6d\n",a,b);
 printf("x=%7.2f,y=%7.2f\n",x,y);
 return 0;
 }
```

六、补足程序

1. 程序功能：输入一个小写字母，输出其对应的大写字母。请补足程序。

```
#include <stdio.h>
int main(void)
{char ch1,ch2;
 printf("Please input a lowercase:");
 ch1=_____(1)_____;
 ch2=_____(2)_____;
 putchar(_____(3)_____);
 return 0;
}
```

2. 程序功能：输入商品的原价和折扣率，计算商品的实际售价。请补足程序，使得程序的运行结果与给定的结果一致。

```
#include <stdio.h>
int main(void)
{float cost,percent,c;
 printf("请输入商品的原价(单位：元):");
 scanf(_____(1)_____);
 printf("请输入商品的折扣率:");
 scanf(_____(2)_____);
 c=cost*percent;
 printf("_____(3)_____",c);
 return 0;
}
```

运行结果：

请输入商品的原价（单位：元）:90

请输入商品的折扣率:0.8

实际售价为：72.00 元

3. 程序功能：输入学生的学号和分数，计算总分并输出。请补足程序，使得程序的运行结果与给定的结果一致。

```c
#include <stdio.h>
int main(void)
{int num,score1,score2,score;
 printf("请输入学号:");
 scanf(_____(1)_____);
 printf("请输入考试成绩:");
 scanf("_____(2)_____", &score1,&score2);
 score= score1+ score2;
 printf("_____(3)_____");
 printf("------------------------------\n");
 printf("_____(4)_____",num, score1,score2,score);
 return 0;
}
```

程序运行结果:

```
请输入学号: 10001
请输入考试成绩: 92,89
学号       成绩1     成绩2     总成绩
------------------------------
10001      92        89        181
```

七、编程题

1. 编写程序,已知公式 $s=v_0t+1/2at^2$,并已知 $v_0=10.2$,$a=9.8$,求任意时刻 t 对应的位移 s。

2. 编写程序,输入 3 个双精度数,求出它们的平均值并输出,要求保留一位小数。

第三单元 习题参考答案及解析

一、判断题

1. 错误。

解析:C 语言中赋值运算符左边为存储数据的对象,功能是向内存中的变量存入数据。其与数学中等号的功能不同。

2. 正确。

解析:在 printf 函数的格式说明"%m.nf"中,m 指数据输出的最小宽带为 m 位,不足 m 位左端补空格,超过 m 位按照实际位数输出;n 指输出 n 位小数。

3. 错误。

解析:取余运算符"%"要求两侧的运算量都为整型。

4. 正确。

解析:复合语句是用一对花括号括起来的若干条语句。从语法上讲,复合语句视为一条语句,经常用于语法要求为一条语句,而实际需要执行多条语句的情况。

5. 正确。

解析:C 语言中,getchar 和 putchar 函数的功能是在标准输入输出设备上输入或输出一个字符。

二、单选题

1. C

解析：选项 A 中，缺少语句结束标志分号。选项 B 中，变量 x 为实数类型，不能进行取余运算。选项 D 中，赋值运算符左边不能为表达式。

2. B

解析：选项 B 中，取 b+2 的值赋给变量 b，由于此前变量 b 未做明确赋值，所以其值为随机数，将 b 的值+2 之后重新赋给变量 b 后仍然是一个随机数。

3. B

解析：语句 c=a/b+0.4;中，a/b 为整数相除，结果为整数 1，再将相加结果 1.4 存入变量 c，由于变量 c 为整型变量，截断取整，答案为 B。

4. D

解析：此题考查输入函数 scanf 的语法，只有选项 D 正确。选项 A 和选项 B 的函数在 C 语言中不存在。选项 C 的参数中缺少取地址运算符。

5. B

解析：根据此处 scanf 函数中格式控制字符串的格式，各输入数据之间应当以空格、回车、Tab 作为间隔，而不能出现其他实体字符，因此选项 B 为不符合要求。

6. C

解析：在使用 scanf 函数时，如果在"格式控制字符串"中除了格式说明字符外还有普通字符，则在输入数据时原样输入，本题中的","就是普通字符。选项 A、选项 B 中有效数据后的多余内容不被接收，不会产生影响。选项 C 中在数据之间只有空格，与格式说明不符，无法准确接收输入数据。

7. C

解析：选项 A 经过运算可以实现变量数值交换。选项 C 中造成变量数据丢失。选项 B 和选项 D 同理，可以实现变量数值交换。

8. A

解析：printf 函数中，"%md"指输出有符号十进制整数，输出的最小域宽为 m 位，不足 m 位左端补空格，超过 m 位按照实际位数输出。"%m.nf"指实数总的输出域宽为 m 位（包括小数点），小数部分占 n 位，总位数不足 m 位左端补空格，超过 m 位按照实际位数输出。此题中，a 的值有 4 位，超出域宽，按照实际位数输出。b 的值共 8 位，小数部分有 6 位，总位数超出域宽，按照实际位数输出。只有选项 A 符合。

三、填空题

1. 23　　0　　0

解析：对于采用%d 格式符的 scanf 函数，在输入数据时，遇到".4"看作非法字符，因此只能有效接收数据 23 赋值给变量 i，变量 j 和 k 未得到键盘输入数据，维持初值 0。

2. 一条语句　；

解析：根据语法，复合语句被视为一条语句。空语句只有一个分号。

3. ab c

解析：scanf 函数的格式控制字符串中出现的一切普通字符都需要原样输入，因此在输入字符 a、b、c 时，需在 b 和 c 之间输入一个空格。

4. a=%d\nb=%d\n

解析：根据输出格式要求，用普通字符输出 a=、b= 和换行符，用%d 格式符输出变量 a、b 的值。

5. −1

解析：通过执行两次 getchar 函数得到的是字符 2 和字符 3，而不是整数 23。两字符相减即为其 ASCII 码值相减，结果为−1。

四、改错题

1.（1）#define PI 3.14159　　　　（2）int main（void）

　（3）scanf（"%f",&r）　　　　（4）v=4.0/3*PI*r*r*r

解析：符号常量定义的结尾不应该有分号。函数定义时函数名后面必须带有圆括号。scanf 函数中格式字符应与变量的数据类型保持一致。两个整型数据进行除法运算，结果的数据类型为整型，因此为了保证除法运算的数据精度，需要至少有一个运算量为实型数据。

2.（1）int n;　　　　（2）c=getchar（）;　　　　（3）printf（"n is %d",n）;

解析：根据题意，变量 n 的数据类型应为 int 型。getchar 函数为无参函数。putchar 函数为字符输出函数，只能输出单个字符，而根据题意，输出结果为整数，格式输出函数 printf 能够满足各种数据类型的输出要求。

五、读程序写结果

1. 6,6.000000, 6.000000

解析：20 与 3 同为整型数据，除法运算结果为整型数据。赋值语句在赋值过程中，变量 c、b 得到实数 6.0，变量 a 得到整数 6。输出时依次按照对应格式输出结果。

2. a=　　　12,b=　　　45

　 x=　　3.40,y=　　5.60

解析：整型变量 a、b 在输出时各占 6 列域宽，实型变量 x、y 在输出时各占 7 列域宽，其中小数部分保留两位。当数据实际位数少于域宽时，左边补充空格。

六、补足程序

1.（1）getchar（）　　　　（2）ch1-32　　　　　　　（3）ch2

解析：本题考查字符输入函数 getchar 与字符输出函数 putchar 的使用方法。同一字母的大小写形式的 ASCII 码值相差 32。

2.（1）"%f",&cost　　　　（2）"%f",&percent　　　　（3）实际售价为：%.2f 元\n

解析：本题考查格式输入函数 scanf 和格式输出函数 printf 的使用方法。printf 函数中转义字符\n 控制换行效果，%.2f 控制输出的数字有两位小数。

3.（1）"%d",&num　　　　　　　　　　　　　（2）%d,%d

　（3）学号\t 成绩 1\t 成绩2\t 总成绩\n　　　　（4）%d\t%d\t%d\t%d\n

解析：根据给定运行结果，通过两次调用 scanf 函数，先输入学号，再输入两个成绩，成绩之间用逗号做间隔。输出时使用转义符\t控制数据之间的间距。

七、编程题

1.

编程思路：

根据求解问题的顺序，首先通过赋值或输入获得已知变量的值，然后利用公式求解出未知量。将此问题依据日常解题的逻辑顺序，使用编程语言设计出来。注意给变量设计合理的数据类型，以保证结果的准确性。

源程序：

```
#include "stdio.h"
  int main(void)
  {float v0,a,t,s;
  v0=10.2;
  a=9.8;
  printf("请输入任意时刻 t 的值：\n");
  scanf("%f",&t);
  s=v0*t+1.0/2.0*a*t*t;
  printf("该时刻的位移为：%f\n",s);
  return 0;
  }
```

2.

编程思路：

从键盘获取三个数据进行计算，按照输出格式的要求进行输出。

源程序：

```
#include "stdio.h"
  int main(void)
  {double x,y,z,s;
  printf("input x,y,z: ");
  scanf("%lf%lf%lf",&x,&y,&z);
  s=(x+y+z)/3.0;
  printf("\n平均数是=%6.1f\n",s);
  return 0;
  }
```

第四单元 实 验 指 导

实验一

一、实验目的

1. 了解数据的输入/输出在 C 语言中的实现。

2. 掌握 putchar、getchar、printf、scanf 等输入/输出函数的用法。

二、实验要求

1. 通过下面给出的实验内容，掌握 C 语言中最常用的一种语句——赋值语句的用法。

2. 根据下面给出的实验内容，先自己分析出程序的运行结果（包括运行中可能出现的错误），再在 C 语言运行环境中输入源程序并验证自己分析的结果。

三、实验内容

1. 运行下述程序，分析输出结果。

```c
#include "stdio.h"
 int main(void)
{char c1,c2,c3,c4,c5,c6;
 scanf("%c%c%c%c",&c1,&c2,&c3,&c4);
 c5=getchar();
 c6=getchar();
 putchar(c1);
 putchar(c2);
 printf("%c%c\n",c5,c6);
 return 0;
 }
```

运行程序后，若从键盘输入（从第一列开始输入）

123

456

分析其输出结果。

2. 运行下述程序，分析输出结果。

```c
#include "stdio.h"
 int main(void)
{int c1;char c2;
 c1=65;c2='d';
 printf("%3c%3c",c1,c2);
 printf("%3d%3d",c1,c2);
 return 0;
 }
```

若将程序第三行改为 int c1,c2;，然后把 c2='d'; 改为 c2=100;，重新运行程序，分析其结果。

3. 交换两个变量的值（由终端输入两个整数给变量 x 和 y，然后输出 x 和 y 的值，在交换 x 和 y 的值后，再输出 x 和 y 的值，验证两个变量中的数是否正确进行了交换）。

实验二

一、实验目的

1. 掌握顺序结构程序设计的思想和方法。
2. 熟悉顺序结构程序的一般调试方法。

二、实验要求

1. 在 C 语言运行环境中输入顺序结构程序的源代码。

2. 编译、连接程序，修改其中的错误。

3. 运行程序得到结果。

三、实验内容

1. 调试运行下面的程序，并分析其功能。

```
#include "stdio.h"
 int main(void)
{int a=147,b=258;
 a=a+b;
 b=a-b;
 a=a-b;
 printf("a=%d,b=%d\n",a,b);
 return 0;
}
```

2. 上机调试下面的程序，分析系统给出的出错信息，改正其中的错误。

```
#include "stdio.h"
 int main(void)
{int a,b;
 double x=1.414,y=3.1415926;
 scanf("%d%d",a,b);
 printf("a=%d,b=%f,x=%d,y=3.4f\n",a,b,x,y);
 printf("The program\'s name is c:\tools\b.txt");
 return 0;
}
```

3. 输入一个华氏温度，输出对应的摄氏温度，输出结果保留 2 位小数。其公式为

$$C = \frac{5}{9}(F-32)$$

第4章　选择结构程序设计

第一单元　重点与难点解析

1. 如何表示"x 属于 0～10 的闭区间"？

"x 属于 0～10 的闭区间"也就是 0≤x≤10，其实这是一个复合条件，即 x≥0 并且 x≤10。故在 C 语言中应该使用逻辑表达式表示，即 x>=0 && x<=10。

2. 如何避免误用赋值运算符表示相等？

赋值运算符是用来给变量赋值用的，左边必须是变量名；等号是用来比较两个数是否相等的，左边可以是变量、常量或者表达式。

为了防止不小心把赋值运算符当作等号，建议进行相等比较时把常量或表达式放在左边。

3. 如何进行两个实型数的相等比较？

由于实型数的精度问题，在 C 语言中比较两个实型数是否相等时不要直接进行比较，而是采用取两数之差的绝对值与一个很小的数比较的方法。

示例：输入一个实型数，如果等于 1.2345，则输出"相等!"，否则输出"不相等!"。

源程序如下：

```c
#include <stdio.h>
#include <math.h>
int main(void)
{float x;
 printf("请输入一个实数：\n");
 scanf("%f",&x);
 if(fabs(x-1.2345)<=1e-6)  //用这种方式进行比较
   printf("相等! ");
 else
   printf("不相等! ");
 return 0;
}
```

说明：1e-6 即 0.000001，当然还可以更小。

4. if 子句和 else 子句什么时候该用花括号括起来？

如果 if 子句和 else 子句是多条语句，就需要用花括号括起来。否则会导致语法错误或者逻辑错误。

5. 如果在 if 条件之后不小心加了一个分号会怎样？

单独的一个分号在 C 语言中看作一个空语句。如果在 if 条件之后不小心加了一个分号，那么当条件为真时，就执行空语句，原来的 if 子句就变成了不管条件是否为真都执行的语句，尽管编译时没有错误，但存在逻辑错误。

【示例】　不论变量 a 的值是什么，变量 b 的值始终为 100。

源程序：

```
#include <stdio.h>
int main(void)
{int a=10,b=200,t;
 if(a==100);   //条件为真时执行空语句
   b=100;        //不管条件是否为真都执行
 printf("a=%d,b=%d\n",a,b);
 return 0;
 }
```

6. 在 switch 语句结构中，break 语句是必需的吗？什么时候该用？

switch 结构中 break 语句不是必需的。如果执行完 case 标号之后的语句后需要跳出 switch 结构，那么此时需要加 break 语句，反之不用加。

7. switch 结构中 default 标号是必需的吗？什么时候该用？

switch 结构中 default 语句不是必需的。

如果 switch 控制变量的取值除了列举出来的几种外，如果还有其他值，加上 default 是比较合适的，否则可以不加。

8. switch 结构中 case 后面必须是常量表达式吗？如果不便于构造常量表达式怎么办？

switch 结构中 case 后面必须是常量表达式。如果不便于构造常量表达式，那么可以选择使用 if 语句。

9. switch 语句和 if 语句有什么区别？什么时候适合使用 switch 语句？

两者都可以实现选择结构，区别在于 if 语句可以实现任何选择结构，switch 语句适合多分支的情况，而且当程序中控制表达式的取值是便于一一列举的常量时。

10. switch 语句可以与 if 语句混合使用吗？

可以。在 switch 结构中的 case 标号之后可以根据情况使用 if 语句。

11. 在嵌套的 if 语句中如何确定 else 该与哪个 if 配对？

else 总是与其前边最近的、同一层次且尚未配对的 if 配对。

第二单元 习　　题

一、判断题

1. 在逻辑运算符中，!（逻辑非）的优先级别最高。（　　　）

2. 表示变量 x 的值在 1～5 的表达式为 1<=x<=5。（　　　）

3. 若有 a=1; b=2; c=3; d=4; m=1; n=1; ，则执行（m=a>b）&&（n=c>d）后，m 的值为 0，n 的值为 0。（　　　）

4. if（x<y）t=x;x=y;y=t;是一条 C 语句。（　　　）

5. 在 switch 语句中，多个 case 标号可以共用一组语句。（　　　）

6. 表达式（float）（1/2）的值为 0.5。（　　　）

7. 在条件表达式（exp）?a:b 中，表达式（exp）与表达式（exp!=0）完全等价。（　　　）

8. 已知 int x=6, y=2, z;，则执行表达式 z=x=x>y 后，变量 z 的值为 6。（　　　）

9. 若 x=1，则执行 if（x=2）printf（"***"）; else printf（"&&&"）; 之后屏幕上会显示&&&。（　　　）

二、选择题

1. 表示条件 x≤y≤z 的 C 语言表达式为_____。

A. （x<=y）&&（y<=z）   B. （x<=y）AND（y<=z）

C. （x<=y<=z）   D. （x<=y）&（y<=z）

2. 在以下一组运算符中，优先级最高的运算符是_____。

A. <=   B. =   C. %   D. &&

3. 下述程序的输出结果是_____。

```c
#include <stdio.h>
int main(void)
{int a=0,b=0,c=0;
 if((a+1)>0 ||(b>0))
   c=c+1;
 printf("%d,%d,%d",a,b,c);
 return 0;
}
```

A. 0, 0, 0   B. 1, 1, 1   C. 1, 0, 1   D. 0, 0, 1

4. 若有 int x, a, b;，则下面的 if 语句中_____是错误的。

A. if（a=b）x=x+1;   B. if（a=<b）x=x+1;

C. if（a–b）x=x+1;   D. if（x）x=x+1;

5. 下列表达式中不能表示条件"当 x 的值为偶数时值为真，为奇数时值为假"的是_____。

A. x%2==0   B. !x%2!=0   C. （x/2*2–x）==0   D. !（x%2）

6. 关于以下程序，正确的说法是_____。

```c
#include <stdio.h>
int main(void)
{int x=0,y=0,z=0;
 if(x=y+z)
   printf("***");
 else
   printf("###");
 return 0;
}
```

A. 有语法错误，不能通过编译   B. 输出***

C. 可以编译，但不能通过连接，所以不能运行   D. 输出###

7. 下列程序的输出结果是_____。

A. 0.000000   B. 0.250000   C. 0.500000   D. 1.000000

```c
#include <stdio.h>
int main(void)
{float x=2.0,y;
 if(x<0.0) y=0.0;
 else if(x<10.0) y=1.0/x;
     else y=1.0;
 printf("%f\n",y);
```

```
  return 0;
 }
```

8. 当执行以下程序时，若输入 3 和 4，则输出结果是_____。

```
#include <stdio.h>
int main(void)
{int  a,b,s;
 scanf("%d%d",&a,&b);
 s=a;
 if(a<b) s=b;
 s*=s;
 printf("%d\n",s);
 return 0;
}
```

A. 14   B. 16   C. 18   D. 20

9. 下列程序的输出结果是_____。

A. a=2, b=1   B. a=1, b=1   C. a=1, b=0   D. a=2, b=2

```
#include <stdio.h>
int main(void)
{int x=1,a=0,b=0;
 switch(x)
    {case 0: b=b+1;
     case 1: a=a+1;
     case 2: a=a+1;b=b+1;
    }
 printf("a=%d,b=%d\n",a,b);
 return 0;
}
```

10. 若有定义 int a=3, b=2, c=1;，并有表达式：①a%b；②a>b>c；③b&&c+1；④c+=1。则表达式的值相等的是_____。

A. ①和②   B. ②和③   C. ①和③   D. ③和④

三、填空题

1. 条件"y 能被 4 整除但不能被 100 整除，或者 y 能被 400 整除"对应的逻辑表达式是_____。

2. 若有 int x=3, y=-4, z=5;，则表达式（x&&y）==（x||z）的值为_____。

3. 若有 x=1, y=2;，则表达式 x<y?x:y 的值是_____。

4. 表达式（float）（5%3）/5 的结果为_____。

5. 数学中的条件 0<x<100 对应的 C 语言表达式是_____。

6. 当 a = 1, b = 2, c = 3 时，执行 if（a>c） b = a; a = c; c = b;之后，变量 a、b、c 的值分别为_____、_____、_____。

四、改错题

改正下列程序中画线代码中的错误。

1. 程序功能：当 x 的值为 1 时，输出"***"，否则输出"@@@"，找出以下程序段中的错误并加以改正。

```c
#include <stdio.h>
int main(void)
{int x;
 printf("请输入一个整数x:\n");
 (1)scanf("%d",x);
 (2)if(x=1)
 /printf("***");
 else
   printf("@@@");
 return 0;
}
```

2. 以下程序的功能为实现 3 个数按照由大到小的顺序排序，请找出错误并加以改正。

```c
#include <stdio.h>
int main(void)
{int a,b,c,t;
 printf("请输入三个整数：\n");
 scanf("%d%d%d",&a,&b,&c);
 if(a<b)
   (1)t=a;a=b;b=t;
 if(a<c)
   (2) t=a;a=c;c=t;
 if(b<c)
   (3) t=b;b=c;c=t;
 printf("3个数从大到小的顺序为：%d,%d,%d\n",a,b,c);
 return 0;
}
```

3. 若要实现函数 $y = \begin{cases} x-1, & x \leqslant 0 \\ x^2+3x-20, & 0 < x < 10 \\ 0, & x \geqslant 10 \end{cases}$ 的功能，找出以下程序中的错误并加以改正。

```c
#include <stdio.h>
int main(void)
{float x,y;
 printf("请输入一个实数x:\n");
 scanf("%f",&x);
 if(x<=0)
    y=x-1;
 else
   (1)if(0<x<10)
    y=x*x+3*x-20;
    else
     y=0;
 printf("y=%.2f\n",y);
  return 0;
}
```

五、读程序写结果

1.

```c
#include <stdio.h>
int main(void)
{int x=100, a=10, b=20, ok1=5, ok2=0;
 if(a<b)
   if(b!=15)
     if(!ok1)
       x=1;
     else
       if(ok2)
         x=10;
       else
         x=-1;
 printf("x=%d\n", x);
 return 0;
}
```

2.

```c
#include <stdio.h>
int main(void)
{int k=9;
 switch(k)
   {case 9: k+=1;
    case 10: k+=1;
    case 11: k+=1; break;
    default: k+=1;
    }
 printf("k=%d\n",k);
 return 0;
}
```

3.

```c
#include <stdio.h>
int main(void)
{int x,y,z;
 x = 11; y = 2; z = 33;
 if(x>y)
   if(x>z)
     printf("x=%d\n",x);
   else
     printf("y=%d\n",y);
 printf("z=%d\n",z);
 return 0;
}
```

4.

```c
#include "stdio.h"
```

```
int main(void)
{int a;
 scanf("%d",&a);
 if(a>50)  printf("a=%d\n",a);
 if(a>40)  printf("a=%d\n",a);
 if(a>30)  printf("a=%d\n",a);
 return 0;
}
```
假设该程序运行时从键盘输入 58。

六、补足程序

1. 程序功能：判断输入的整数是奇数还是偶数。

```
#include "stdio.h"
int main(void)
{int n;
 printf("请输入一个整数: \n");
   ___(1)___;
 if(___(2)___)
   printf("%d 是奇数! \n",n);
 else
   printf("%d 是偶数! \n",n);
 return 0;
}
```

2. 程序功能：实现从键盘上输入 3 个数，判断这 3 个数是否可以构成一个三角形（条件：三条边均大于 0，且任意两边之和均大于第三边）。如果可以，则进一步判断是等边、等腰还是一般三角形；否则输出"不能构成三角形!"的信息。

```
#include <stdio.h>
int main(void)
{float a,b,c;
 printf("请输入三角形的三条边的值: \n");
 scanf("%f%f%f",&a,&b,&c);
 if(___(1)___)
   if(___(2)___)
     printf("是等边三角形! \n");
   else
     if(___(3)___)
       printf("是等腰三角形! \n");
     else
       printf("是一般三角形! \n");
 else
   printf("不能构成三角形! \n");
 return 0;
 }
```

七、编程题

1. 从键盘输入 3 个字符，要求分别输出其中的最大者与最小者。

2. 从键盘输入 4 个整数，请按从小到大的顺序排序并输出。

3. 编写程序，从键盘输入一个不多于 4 位的正整数，统计出它是几位数。

4. 回文数是指正读和反读都一样的数字串，如 12321、55455、35553 等都是回文数。请编写一个程序，从键盘输入一个 5 位正整数，并判断它是否为回文数。

第三单元　习题参考答案及解析

一、判断题

1. 正确。

解析：C 语言中逻辑非（!）运算符的优先级是 2，逻辑与（&&）的优先级是 11，逻辑或（||）的优先级是 12。

2. 错误。

解析：应该表示为 x>=1 && x<=5。

3. 错误。

解析：C 语言中对逻辑与运算的处理方式是：如果运算符左边运算量的值是 0，那么就不再计算右边运算量的值，整个表达式的值即确定为 0。由此可见，此处因为左边的值为 0，所以右边的表达式不再执行，变量 n 的值保持不变。

4. 错误。

解析：此处的 if（x<y） t=x;是一条语句，后面还有两条语句。但如果加上花括号，就变成一条语句，如下所示：

　if（x<y）{t=x; x=y; y=t;}

5. 正确。

解析：如下面程序段所示：

```
switch(month)
  {case 1:
   case 3:
   case 5:
   case 7:days=31;
  }
```

就是 4 个 case 标号共用一条语句。

6. 错误。

解析：因为 1/2 的结果是 0（两个整数相除，结果取整），所以用（float）强制类型转化之后是 0.0。而表达式（float）1/2 的值是 0.5，因为首先把整数 1 转化成了实型。

7. 正确。

解析：exp 表示一个条件，在表达式中的 exp 就相当于 exp!=0。

8. 错误。

解析：表达式 z=x=x>y 是一个赋值表达式，赋值运算符是右结合性的，所以首先计算 x>y 的值显然是 1，然后把结果 1 赋值给变量 x，最后赋值给变量 z。

9. 错误。

解析：if（x=2），此处是给 x 赋值为 2 而不是等号运算符，所以 x 的值非 0，代表真。

二、选择题

1. A

解析:这是一个复合条件,需要用逻辑表达式表示,在C语言中逻辑与使用运算符&&。

2. C

解析:C语言中算术运算符的优先级高于关系运算符,关系运算符的优先级高于逻辑运算符,逻辑非除外。

3. D

解析:if语句中a+1>0为真,所以整个条件为真,执行c=c+1。

4. B

解析:选项A条件a=b是赋值表达式,由a的值决定条件的真假,是对的;选项B的条件应该写成a<=b;选项C首先计算a−b值,由此值决定条件的真假,是对的;选项D由x的值决定条件的真假,是对的。

5. B

解析:选项A,x%2==0,当x为偶数时,x%2的值为0,表达式0==0为真,当x为奇数时,x%2的值为1,表达式1==0为假,可以表示题目中的条件,所以选项A不能选择。

选项B,!x%2!=0,只要x≠0,不论x为偶数还是奇数!x(首先运算,在此表达式中运算符!的运算优先级最高)的值均为0,接着运算0%2,值为0,最后运算0!=0,结果显然为0,即不论x为偶数还是奇数,表达式!x%2!=0的值都为假,选项B不能表示题目中条件,所以为正确选项。

选项C,(x/2*2−x)==0,当x为偶数时,x/2*2−x的值为0,0==0的值为真,当x为奇数时,x/2*2−x的值为−1,−1==0的值为假,可以表示题目中的条件,所以选项C也不能选择。

选项D,!(x%2),当x为偶数时,x%2的值为0,!0值为1,即真,当x为奇数时,x%2的值为1,!1值为0,即假,可以表示题目中的条件,所以选项D也不能选择。

选项B等价于(!x)%2!=0显然不满足要求。

6. D

解析:if条件为x=y+z,先计算y+z值,然后赋给x,结果是0,即为假,所以执行else子句。

7. C

解析:

```
if(x<0.0)  y=0.0;
else if(x<10.0)  y=1.0/x;
    else y=1.0;
```

此处x=2.0,第一个if(x<0.0)为假,所以执行第一个else后的语句if(x<10.0) y=1.0/x;。后面的else不再执行,y的值为1.0/2.0,为0.5。

8. B

解析:由于if条件为真,故执行if子句s=b;之后s的值为4,然后执行s*=s;,所以s最终的值是16。

9. A

解析:因为x的值是1,所以执行case 1之后的语句a=a+1;,但是因为这个语句之后没有break语句,所以继续执行case 2之后的语句。

10. C

解析：①a%b 等于 1；②a>b>c 等价于 3>2>1，首先计算 3>2，结果为 1，然后计算 1>1，结果为 0；③b&&c+1，首先计算 c+1，结果为 2，然后计算 2&&2，结果为 1；④c+=1 结果为 2。

三、填空题

1. y%4==0 && y%100!=0 || y%400==0

解析：判断是否整除使用求余运算符%即可。

2. 1

解析：表达式（x&&y）==（x||z）求值时，首先计算 x&&y，结果是 1，然后计算 x||z，结果也是 1，最后计算 1==1，结果当然是 1。

3. 1

解析：x<y 的值为真，所以取 x 的值作为整个表达式的值。

4. 0.4

解析：（float）（5%3）/5，首先运算 5%3，值为 2，然后进行强制类型转换，（float）（2），值为 2.0，最后运算 2.0/5，结果为 0.4。

5. x>0 && x<100

解析：表示数学中的条件 0<x<100 应该使用逻辑与运算符连接两个关系表达式，表示并且的含义。

6. 3 2 2

解析：此处 a>c 为假，所以只跳过 if 子句 b=a;，但是要顺序执行后边的两条语句。如果把后面的三条语句加上花括号，即变成如下形式：

```
if(a>c)
  { b = a; a = c; c = b;}
```

那么这三条语句便成为语法上的一条语句，此时三条语句都不再执行。

四、改错题

1. （1）scanf（"%d",&x）；　　　　（2）if（x==1）

解析：（1）scanf 函数中变量名之前必须有取地址运算符&；（2）用两个等号表示相等。

2. （1）{t=a;a=b;b=t;}　　　　（2）{t=a;a=c;c=t;}　　　（3）{t=b;b=c;c=t;}

解析：如果条件为真，则需要执行后面的三条语句，若条件为假，则跳过这三条语句，即三条语句应作为一个整体，所以应该加花括号。

3. （1）if（x<10）或者 if（x>0 && x<10）

解析：第一个条件是 x<=0，第二个条件是在第一个条件为假的前提下，所以只写 x<10 即可，当然也可以表示为 x>0 && x<10。

五、读程序写结果

1. 运行结果：

```
x=-1
```

解析：这是一个嵌套的条件结构。首先执行 if（a<b），此处条件为真；然后执行 if（b!=15），此处条件也为真；继续执行 if（!ok1），此处条件为假（!ok1 等价于 ok1==0），所

以执行第一个 else 后的 if（ok2）；此处条件也为假，所以执行第二个 else 后的语句 x=-1;，最后输出结果。

2. 运行结果：

```
k=12
```

解析：因为 k 的值等于 9，所以执行 case 9 之后的语句 k+=1;。因为此语句之后没有 break 语句，所以继续执行 case 10。同理，继续执行 case11 之后的语句，直到遇到 break 语句才跳出 switch 语句体。

3. 运行结果：

```
y=2
z=33
```

解析：首先执行 if（x>y），条件为真；继续执行 if（x>z），条件为假；接着执行 else 之后的语句输出 y 值，然后顺序执行下一条语句输出 z 的值（不管前面的 if 结构怎么执行，最后一条输出语句总是要执行的）。

4. 运行结果：

```
a=58
a=58
a=58
```

解析：

```
if(a>50)  printf("a=%d\n",a);
if(a>40)  printf("a=%d\n",a);
if(a>30)  printf("a=%d\n",a);
```

这是三个平行的 if 语句，每一条都要执行。变量 a 的值为 58，第一个 if 语句的条件为真，所以执行第一条 printf 语句，输出第一行结果 a=58；程序继续往下执行，第二个 if 语句的条件依然为真，所以执行第二条 printf 语句，输出第二行结果 a=58；程序继续往下执行，第三个 if 语句的条件也为真，所以执行第三条 printf 语句，输出第三行结果 a=58。

六、补足程序

1.（1）scanf（"%d",&n）   （2）n%2!=0

解析：判断一个数是奇数还是偶数使用求余运算符%，如果除以 2 的余数不等于 0，则是奇数，否则，是偶数。

2.（1）a>0 && b>0 && c>0 && a+b>c && b+c>a && c+a>b

（2）a==b && b==c   （3）a==b || b==c || c==a

解析：第一个空要求填入三条边能够构成一个三角形的条件；第二个空要求填入三条边符合等边三角形的条件，注意不能表示为 a==b==c；第三个空要求填入三条边符合等腰三角形的条件。

七、编程题

1.

编程思路：

（1）输入数据。定义 3 个字符型变量，依次输入 3 个字符保存在相应变量中。

（2）处理数据，即找出最大和最小字符。先假设第一个字符最大并将其保存到变量 max 中，然后将 max 的值依次与其余两个字符比较，如果其余字符比它还大，则重新将其赋值，比较完毕即可。

C 语言程序设计训练教程

求最小字符 min 的方法与此类似。

（3）输出数据。输出变量 max 和 min 的值即可。

源程序：

```c
#include <stdio.h>
int main(void)
{char a,b,c,min,max;
 printf("请输入 3 个字符(中间不要加空格):\n");
 scanf("%c%c%c",&a,&b,&c);
 //求出最大字符，使用平行 if 语句
 max=a;
 if(b>max)
   max=b;
 if(c>max)
   max=c;
 //求出最小字符，使用条件运算符
 min=a;
 min=(b<min?b:min);
 min=(c<min?c:min);
 printf("最大字符是%c\n",max);
 printf("最小字符是%c\n",min);
 return 0;
}
```

2.

编程思路：

（1）数据输入。定义 4 个整型变量 a, b, c, d，依次输入 4 个整数保存在相应变量中。

（2）数据处理，本题中即按从小到大排序。

第一步，找出最小的数存放在变量 a 中；

第二步，找出第二小的数存放在变量 b 中；

第三步，找出第三小的数存放在变量 c 中；

剩下一个即最大数存放在 d 中即可，至此，顺序已排好。

下面介绍这三步的实现方法，只介绍第一步即可，其他两步原理相同。

要找出最小的数存放在变量 a 中，只需把变量 a 的值依次与其余 3 个变量的值比较，如果发现 a 的值比其余变量的值大，则交换两个变量的值，经过 3 次比较后即把最小的数存放在变量 a 中。

（3）数据输出。依次输出 4 个变量的值即可。

源程序：

```c
#include <stdio.h>
int main(void)
{int a,b,c,d,t;
 printf("请输入 4 个整数(用空格分隔): \n");
 scanf("%d%d%d%d",&a,&b,&c,&d);
 //第一步，将最小的数放在变量 a 中
 if(a>b)
   {t=a;  a=b;  b=t;}
```

```
if(a>c)
  {t=a;   a=c;   c=t;}
if(a>d)
  {t=a;   a=d;   d=t;}
//第二步，将第二小数放在变量 b 中
if(b>c)
  {t=b;   b=c;   c=t;}
if(b>d)
  {t=b;   b=d;   d=t;}
//第三步，将第三小数放在变量 c 中，最大数置入变量 d 中
if(c>d)
  {t=c;   c=d;   d=t;}
printf("按照由小到大排好序的 4 个数: \n");
printf("%d %d %d %d\n",a,b,c,d);
return 0;
}
```

说明：4 个数排序，共有 24 种组合顺序，调试程序时需要多试验。

3.

编程思路：

（1）数据输入。定义一个整型变量 n，输入一个整数保存在相应变量中。

（2）数据处理，本题中即判断出 n 是一个几位的数。

首先把变量 n 的值与 9999 和 0 进行比较，如果超过了 9999 或者小于 0，那么输出一个"超出范围"的信息。然后与 1000 进行比较，如果大于或者等于 1000，那么肯定是一个 4 位数。否则与 100 比较，如果小于 1000 但是大于或者等于 100，那么肯定是一个 3 位数。否则与 10 比较，如果小于 100 但是大于或者等于 10，那么肯定是一个 2 位数。不属于以上三种情况的肯定是 1 位数。可以使用嵌套的 if 结构或者平行的 if 语句书写程序。

（3）数据输出。输出变量 n 是相应的几位数即可。

源程序：

```
#include <stdio.h>
int main(void)
{int n;
 printf("请输入一个整数 n:\n");
 scanf("%d",&n);
 if(n>9999 || n<0)
   printf("%d 范围超界啦! \n",n);
 else   if(n>=1000)
     printf("%d 是一个 4 位数! \n",n);
   else
     if(n>=100)
       printf("%d 是一个 3 位数! \n",n);
     else
       if(n>=10)
         printf("%d 是一个 2 位数! \n",n);
       else
         printf("%d 是一个 1 位数! \n",n);
```

C 语言程序设计训练教程

```
  return 0;
}
```

4.

编程思路:

（1）数据输入。定义一个长整型变量 n，输入一个包含 5 位数字的整数。

（2）数据处理，本题中即判断 n 是否是回文数。

依次分离出变量 n 的个位数、十位数、千位数、万位数，然后依次将个位数与万位数、十位数与千位数进行比较。如果这两对数都相等，那么变量 n 即是一个回文数，否则不是回文数。

（3）数据输出。输出变量 n 是否是回文数的信息。

源程序:

```
#include <stdio.h>
int main(void)
{long int n;
 int gws,sws,qws,wws;//依次存放变量 n 的个位数，十位数，千位数，万位数
 printf("请输入一个 5 位的整数：\n");
 scanf("%ld",&n);
 gws=n%10;              //取出个位数
 sws=n%100/10;          //取出十位数
 qws=n%10000/1000;      //取出千位数
 wws=n/10000;           //取出万位数
 if(gws==wws && sws==qws)
   printf("%ld 是回文数。\n",n);
 else
   printf("%ld 不是回文数。\n",n);
 return 0;
}
```

第四单元　实　验　指　导

实验一

一、实验目的

1. 掌握 C 语言表示逻辑量的方法（以 0 代表"假"，以非 0 代表"真"）。

2. 掌握关系运算符、逻辑运算符及其表达式的正确使用。

3. 熟练掌握选择结构中 if-else 及其嵌套的使用。

二、实验要求

1. 仔细阅读下列实验内容，并编写相应的 C 语言源程序。

2. 在 C 语言运行环境下，编辑录入源程序。

3. 调试运行源程序，注意观察调试运行过程中发现的错误及改正方法。

4. 掌握根据出错信息查找语法错误的方法。

5. 最后提交带有充分注释的源程序文件（扩展名为 c）。要求该文件必须能够正确地编

译及运行，并不得与他人作品雷同。

三、实验内容

1. 有如下程序：

```
#include <stdio.h>
int main(void)
{int a,b,x;
 printf("请输入 3 个整数(用空格分隔)：\n");
 scanf("%d%d%d",&a,&b,&x);
 if(a>1&&b==0)
   x=x/a;
 if(a==2||x>1)
   x=x+1;
 printf("a=%d,b=%d,x=%d\n",a,b,x);
 return 0;
}
```

要求：使用下列各组数据运行程序，分析并理解运行结果。

（1）a=1, b=1, x=1;

（2）a=1, b=1, x=2;

（3）a=3, b=0, x=1;

（4）a=2, b=1, x=4;

（5）a=2, b=1, x=1;

（6）a=1, b=0, x=2;

（7）a=2, b=1, x=1;

（8）a=3, b=0, x=2。

2. 程序改错：

对下面提供的源程序进行改正，使其实现对 2 个整数进行乘、除和求余运算。

包含错误的源程序：

```
#include<stdio.h>
int main(void)
{char sign;
 int x,y;
 printf("请以 123*456 的形式输入一个算式：");
 scanf("%d%c%d",&x,&sign,&y);
 if(sign='*')
   printf("%d * %d = %d\n",x,y,x*y);
 else if(sign='/')
     printf("%d /%d = %d\n",x,y,x/y);
   else if(sign='%')
         printf("%d mod %d = %d\n",x,y,x%y);
       else
         printf("运算符输入错误！\n");
return 0;
}
```

3. 编程：输入任意 3 个整数，找出其中最大的一个数并输出。

实验二

一、实验目的

（1）熟悉不同类型的数据之间的混合运算。

（2）熟练掌握 C 语言中用 switch 语句实现的多分支选择结构。

（3）熟练掌握 switch 语句中 break 语句的作用。

二、实验要求

1. 仔细阅读下列实验内容，并编写相应的 C 语言源程序。

2. 在 C 语言运行环境下，编辑录入源程序。

3. 调试运行源程序，注意观察调试运行过程中发现的错误及改正方法。

4. 掌握根据出错信息查找语法错误的方法。

5. 最后提交带有充分注释的源程序文件（扩展名为 c）。要求该文件必须能够正确地编译及运行，并不得与他人作品雷同。

三、实验内容

1. 已知 a、b（b≠0）为整型变量，x 为实型变量，计算分段函数 y 值的公式如下：

$$y = \begin{cases} a+bx, & 0.5 \leqslant x < 1.5 \\ a-bx, & 1.5 \leqslant x < 2.5 \\ abx, & 2.5 \leqslant x < 3.5 \\ a/(bx), & 3.5 \leqslant x < 4.5 \end{cases}$$

请调试运行下列求分段函数 y 值的程序，并改正其中的错误使其正确运行。

```
#include <stdio.h>
int main(void)
{int a,b,k;
 printf("请输入 a,b,x 的值: \n");
 scanf("%d%d%f",&a,&b,&x);
 float x,y;
 k=int(x)+0.5;
 switch(k)
    {case 1: y=a+bx; printf("y=%f\n",y);
     case 2: y=a-bx; printf("y=%f\n",y);
     case 3: y=abx; printf("y=%f\n",y);
     case 4: y=a/(bx); printf("y=%f\n",y); break;
     default: printf("x error.\n");
    }
}
```

2. 请仔细观察以下两个程序并上机调试运行，对比运行结果并分析原因。

（1）源程序：

```
#include<stdio.h>
int main(void)
{int x=1,y=0,a=0,b=0;
 switch(x)
```

```
    {case 1:
        switch(y)
            {case 0:a++;break;
             case 1:b++;break;
             }
     case 2:a++;b++;break;
     case 3:a++;b++;
     }
printf("a=%d,b=%d\n",a,b);
return 0;
}
```

（2）源程序:

```
#include<stdio.h>
int main(void)
{int x=1,y=0,a=0,b=0;
 switch(x)
   {case 1:
        switch(y)
            {case 0:a++;break;
             case 1:b++;break;
             }break;
     case 2:a++;b++;break;
     case 3:a++;b++;
     }
printf("a=%d,b=%d\n",a,b);
return 0;
}
```

3. 编写程序: 按照以下对应关系把百分制成绩转换成等级分, 要求分别用平行 if 语句和嵌套 if 语句实现。

90 分以上（包括 90）: A;

80~90 分（包括 80）: B;

70~80 分（包括 70）: C;

60~70 分（包括 60）: D;

60 分以下: E;

0 分以下或者 100 分以上: Error!。

第5章 循环结构程序设计

第一单元 重点与难点解析

1. 除了 while 语句、do-while 语句和 for 语句之外，还有什么语句可以构造循环？

利用 if 语句与 goto 语句结合，也可以实现循环程序结构，但一般不会采用这种方式。

2. 循环条件可以是任意类型的表达式吗？

不是的。循环条件除了可以是关系表达式或逻辑表达式之外，还可以是整型、实型、字符型、枚举型和指针型的表达式。而且，只要表达式的值非 0，就看作真；只要表达式的值为 0，就看作假。

3. 循环体只能是单条语句吗？

是的，循环体只能是语法意义上的单条语句。若循环体超过一条语句，则必须用花括号括起来，从而构成一条复合语句。

4. 为什么在累加（累乘）表达式中，累加（累乘）变量必须同时出现在赋值运算符的两侧？

因为累积运算的特点是，累积变量的新值（赋值运算符左边的变量）是在其原有值（赋值运算符右边的相同变量）的基础上，通过加上或乘以另一个变量的值而求得的。故赋值运算符的右侧必须引用该变量的原有值。

5. i++;与++i;有区别吗？

没有区别。当前自增（减）与后自增（减）单独作为一个表达式时，是没有区别的；只有当其作为另一个表达式的一部分时，才有区别。例如，语句 i++;与语句++i;是完全等价的，而表达式 j=i++与表达式 j=++i 则完全不同。

6. 若有 int i=3, j; j=++i + ++i + ++i;，则变量 j 的值是多少呢？

```
#include <stdio.h>
int main()
{
 int i,j;
 i=3;
 printf("%d\n",j=++i + ++i);
 i=3;
 printf("%d\n",j=++i + ++i + ++i);
 i=3;
 printf("%d\n",j=(++i + ++i)+ ++i);
 i=3;
 printf("%d\n",j=++i + (++i + ++i));
 return 0;
}
```

当 i=3 时，在 Dev-C++ 5.11 中分别输出表达式 j=++i + ++i, j=++i + ++i + ++i, j=（++i

+ ++i）+ ++i 和 j=++i+ （++i + ++i）的值，结果分别是 10，16，16 和 18。而当 i=3 时，在 Visual C++ 2010 中分别输出表达式 j=++i + ++i，j=++i + ++i + ++i，j=（++i + ++i）+ ++i 和 j=++i+ （++i + ++i）的值，结果分别是 10，18，18 和 18。

可见，表达式的求值顺序并没有一个很明显的规则。因此，应当尽量避免在同一个表达式中多次对同一个变量进行赋值（或自增、自减）运算。

7. 若有 int i=3, j; j=i++ + i++ + i++;，则变量 j 的值是多少呢？

```c
#include <stdio.h>
int main()
{
int i,j;
i=3;
printf("%d\n",j=i++ + i++);
i=3;
printf("%d\n",j=i++ + i++ + i++);
i=3;
printf("%d\n",j=(i++ + i++)+ i++);
i=3;
printf("%d\n",j=i++ + (i++ + i++));
return 0;
}
```

当 i=3 时，在 Dev-C++ 5.11 中分别输出表达式 j=i++ + i++，j=i++ + i++ + i++，j=（i++ + i++）+ i++和 j=i++ + （i++ + i++）的值，结果分别是 7，12，12 和 12。而当 i=3 时，在 Visual C++ 2010 中分别输出表达式 j=i++ + i++，j=i++ + i++ + i++，j=（i++ + i++）+ i++和 j=i++ + （i++ + i++）的值，结果分别是 6，9，9 和 9。

可见，当在不同的编译器中运行时，同一个表达式的求值顺序是不一样的。因此，应当尽量避免在同 个表达式中多次对同一个变量进行赋值（或自增、自减）运算。

8. 在 for 语句中，当循环条件缺省时，看作循环条件为真还是为假？

循环条件缺省，也就是没有循环条件，相当于循环条件永远满足，即永远为真。

9. for 循环与 while 循环可以完全互换吗？

是的。从功能上来说，for 循环与 while 循环是完全等价的，只是表现形式不同而已。

10. do-while 循环与 while 循环可以完全互换吗？

不能。do-while 循环先执行一次循环体，再判断循环条件是真是假，故只适用于循环体至少执行一次的循环。因而，do-while 循环与 while 循环不能完全互换。

11. 什么情况下适于采用 while 循环或 for 循环？

如果一个循环的循环条件中所引用的变量，在第一次执行循环体之前已完成赋值，那么这个循环就适于采用 while 循环或 for 循环结构实现。其实，从功能上来说，for 循环与 while 循环是完全等价的，只不过 for 循环更简洁，while 循环更直观。

一般而言，如果循环变量赋初值的表达式、循环条件表达式、递变循环变量值的表达式比较简洁，则适合采用 for 循环；反之，则适合采用 while 循环。此外，在构成多重循环时，采用 for 循环的程序结构比采用 while 循环相对清晰一些。

12. 什么情况下适于采用 do-while 循环？

一般而言，如果一个循环的循环条件所引用的变量中，某个变量的第一次赋值是在循环体中完成的，那么这个循环就适于采用 do-while 循环结构实现。

13. 什么情况下适于采用 while（1）形式的循环？

在构造循环时，对循环条件进行判断的时机是至关重要的。一方面，要保证先给循环控制变量赋值，后判断循环条件；另一方面，还要保证先判断循环条件，后进行相应处理。

当采用其他形式的循环难以满足上述要求时，可以采用 while（1）形式的循环。在这种循环中，其循环条件永远为真，因此从形式上看其是一个无限循环。不过，可以在它的循环体中借助有条件的 break 语句，在合适的时机结束循环，从而变成一个有限循环。

14. 能不能用 break 语句从内层循环中直接跳出多层循环？

不能。break 语句只能跳出本层的循环体或 switch 语句。若需要从内层循环中直接跳出多层循环，可以使用 goto 语句实现。

15. 逗号表达式 i=3, i++, i+2, i*5 的值为什么不是 30？

按照逗号表达式的求值步骤，依次执行 i=3 与 i++，此时 i 的值为 4；再执行 i+2，i 的值不变，因为并没有对变量 i 进行赋值；因而最后求得 i*5 的值为 20。可见，在逗号表达式中，除了最后一个表达式之外，如果在前面的表达式中没有对变量进行赋值，那么这个表达式实际上不起作用。

第二单元 习 题

一、判断题

1. 循环体为空语句的循环一定是死循环。（ ）
2. 从语法意义上来说，循环体只能是单条语句。（ ）
3. 语句 i++;与++i;的功能是完全相同的。（ ）
4. for 语句与 while 语句是可以完全互换的。（ ）
5. 前自增运算与后自增运算的优先级是相同的。（ ）
6. 循环的条件只能是关系表达式或逻辑表达式。（ ）
7. break 语句能改变循环的次数，而 continue 语句不改变循环的次数。（ ）

二、选择题

1. 以下循环中不是死循环的是_____。

A.
```c
#include <stdio.h>
int main(void)
{int i;
 i=0;
 {while(i<10)
  printf("%d,",i);
  i++;
 }
 return 0;
}
```

B.
```c
#include <stdio.h>
int main(void)
{int i;
 for(i=0;i<10;i++);
   printf("%d,",i);
 return 0;
}
```

C.
```
#include <stdio.h>
int main(void)
{short int i;
 for(i=0;i>=0;i++)
    printf("%hd,",i);
 printf("\n%hd\n",i);
 return 0;
}
```

D.
```
#include <stdio.h>
int main(void)
{unsigned short i;
 for(i=0;i>=0;i++)
    printf("%hu,",i);
 printf("\n%hu\n",i);
 return 0;
}
```

2. 以下循环中不是死循环的是_____。

A.
```
#include <stdio.h>
int main(void)
{int i;
 for(i=0;i<10;i+2)
    printf("%d,",i);
 return 0;
}
```

B.
```
#include <stdio.h>
int main(void)
{int i;
 for(i=0;i<100;i++)
    {if(i%2)
      continue;
     printf("%d,",i);
    }
 return 0;
}
```

C.
```
#include <stdio.h>
int main(void)
{int i;
 for(i=0;;i++)
    {if(i%2)
      continue;
     printf("%d,",i);
    }
 return 0;
}
```

D.
```
#include <stdio.h>
int main(void)
{int i;
 i=0;
 while(i<100)
    {if(!(i%2))
      continue;
     else
      i++;
     printf("%d,",i);
    }
 return 0;
}
```

3. 以下程序中不能求得 10! 的是_____。

A.
```
#include <stdio.h>
int main(void)
{long p=1;
```

B.
```
#include <stdio.h>
int main(void)
{long p=1;
```

```
   int i;
   for(i=1;i<=10;i++)
     p=i*(i+1);
   printf("p=%ld\n",p);
   return 0;
   }
```

```
   int i;
   for(i=1;i<=10;i++)
     p=p*i;
   printf("p=%ld\n",p);
   return 0;
   }
```

C.
```
   #include <stdio.h>
   int main(void)
   {long p=1;
    int i=10;
    while(i>=2)
      {p=p*i;
       i--;
      }
    printf("p=%ld\n",p);
    return 0;
   }
```

D.
```
   #include <stdio.h>
   int main(void)
   {long p=1;
    int i,j;
    for(i=1,j=10;i<j;i++,j--)
      p=p*i*j;
    printf("p=%ld\n",p);
    return 0;
   }
```

4. 若有以下程序:

```
#include <stdio.h>
int main(void)
{int i,j,m=0;
 for(i=1;i<=15;i+=4)
    for(j=3;j<=19;j+=4)
      m++;
 printf("%d\n",m);
 return 0;
}
```

则程序的输出结果是_____。

A. 12   B. 15   C. 20   D. 25

5. 若有以下程序:

```
#include <stdio.h>
int main(void)
{int x=3;
 do
   printf("%d ",x-=2);
 while(!(--x));
 return 0;
}
```

则程序的输出结果是_____。

A. 1 　　　　　B. 1 -2 　　　　C. 3 0 　　　　　D. 死循环

6. 若有以下程序:

```c
#include <stdio.h>
int main(void)
{int x,i;
 for(i=1;i<=100;i++)
   {x=i;
    if(++x%2==0)
     if(++x%3==0)
      if(++x%7==0)
       printf("%d ",x);
   }
 return 0;
}
```

则程序的输出结果是_____。

A. 28 70 　　　B. 42 84 　　　C. 26 68 　　　D. 39 81

7. 若有以下程序:

```c
#include <stdio.h>
int main(void)
{int i,j;
 for(i=3;i>=1;i--)
   {for(j=1;j<=2;j++)
      printf("%d",i+j);
    printf("\n");
   }
 return 0;
}
```

则程序的输出结果是_____。

A. 43 　　　　　B. 45 　　　　C. 23 　　　　D. 23
　　25 　　　　　　34 　　　　　34 　　　　　34
　　43 　　　　　　23 　　　　　45 　　　　　23

8. 若有以下程序:

```c
#include <stdio.h>
int main(void)
{char b,c;
 int i;
 b='a';
 c='A';
 for(i=0;i<6;i++)
   {if(i%2)
       putchar(b+i);
```

```
    else
        putchar(c+i);
    }
 return 0;
}
```

则程序的输出结果是_____。

    A. abcdef   B. ABCDEF   C. aBcDeF   D. AbCdEf

三、填空题

1. 循环条件可以是_____、_____、_____、枚举型和指针型的表达式。而且，当表达式的值为_____时，看作真；当表达式的值为_____时，看作假。

2. 若有 int a=6;,则执行语句 b=–a++;之后 b 的值为_____,a 的值为_____。

3. 表达式 a=3, a++, ++a, a+3, a*5 的值为_____。

4. 若有 int a=6, b=16;，则执行 b–=a+3;之后 b 的值为_____。

5. 在 for 语句中，当循环条件表达式缺省时，可看作循环条件永远为_____。

6. do-while 循环的循环体最少执行_____次。

四、读程序写结果

1.
```
#include <stdio.h>
int main(void)
{int i;
 for(i=0;i<10;i++);
    printf("%d\n",i);
 return 0;
}
```

2.
```
#include <stdio.h>
int main(void)
{int i,j;
 for(i=0,j=0;i<2,j<3;i++,j++)
    printf("%d,%d\n",i,j);
 return 0;
}
```

3.
```
#include <stdio.h>
int main(void)
{int i,j;
 {for(i=0;i<2;i++)
    {for(j=0;j<3;j++)
        printf("%d,%d\n",i,j);
    }
```

```
    printf("*****\n");
  }
  return 0;
}
```

4.
```
#include <stdio.h>
int main(void)
{int i,k,j;
 for(i=1;i<=5;i++)
   {for(k=1;k<=5-i;k++)
      printf(" ");
    for(j=1;j<=2*i-1;j++)
      printf("%c",'0'+i);
    printf("\n");
   }
 return 0;
}
```

五、改错题

1. 程序功能：从键盘输入 20 个数，求其中的最大数。

```
#include <stdio.h>
int main(void)
{int x,max,i;
 printf("请输入 20 个整数：\n");
 for(i=1;i<=20;i++)
   {scanf("%d",&x);
    if(x>max)
      max=x;
   }
 printf("最大数=%d\n",max);
 return 0;
}
```

2. 程序功能：判断正整数 m 是否为素数。

```
#include <stdio.h>
int main(void)
{int m,i;
 printf("请输入一个大于 1 的正整数：");
 scanf("%d",&m);
 for(i=2;i<m;i++)
   {if(m%i==0)
      printf("%d 不是素数\n",m);
   }
```

```
    printf("%d是素数\n",m);
    return 0;
}
```

3. 程序功能：求斐波那契数列的前 30 项。该数列的变化规律是：前两项都是 1，从第三项开始的每一项等于其前面两项之和（限定不能增加变量定义）。

```
#include <stdio.h>
int main(void)
{long f1,f2;
 int i;
 f1=1;
 f2=1;
 printf("%16ld%16ld",f1,f2);
 for(i=2;i<=30;i++)
    {f1=f1+f2;
     printf("%16ld",f1);
    }
 return 0;
}
```

六、补足程序

1. 程序功能：从键盘输入一个正整数，按照从低位到高位的顺序将其每一位数分离之后输出。

```
#include <stdio.h>
int main(void)
{long a;
 short r;
 printf("请输入一个正整数:");
 scanf("%ld",&a);
 printf("分离之后的结果: \n");
 while(____(1)____)
   {r=____(2)____;
    printf("%d\n",r);
    a=____(3)____;
   }
 return 0;
}
```

2. 程序功能：从键盘输入一个非最简分数，将其约分为最简分数。

```
#include <stdio.h>
int main(void)
{int a,b,m,n,r;
 printf("请以 a/b 的形式输入一个分数:");
 scanf("%d/%d",&a,&b);
 m=____(1)____;
```

```
  n=____(2)____;
  while(1)    /*循环条件总为真*/
    {r=____(3)____;
    if(r==0)  break;     /*余数为 0 时终止循环*/
    m=____(4)____;       /*以上一次的除数作为新的被除数*/
    n=____(5)____;       /*以上一次的余数作为新的除数*/
    }
  a=____(6)____;         /*分子除以最大公约数*/
  b=____(7)____;         /*分子除以最大公约数*/
  printf("约分之后的分数=%d/%d\n",a,b);
  return 0;
}
```

3. 程序功能：求出 100000 以内的所有完数。如果一个正整数的真因子之和与其本身恰好相等，则称其为完数。

```
#include <stdio.h>
int main(void)
{int m,s,i;
 for(m=1;m<=100000;m++)
   {s=0;
    for(i=1;____(1)____;i++)
      {if(____(2)____)      /*求出 m 的所有真因子之和*/
        ____(3)____;
      }
    if(s==m)
     printf("%d 是完数.\n",m);
   }
 return 0;
}
```

4. 程序功能：从键盘输入一行字符，其中包含数字和其他字符，将其中的数字按先后顺序构成一个整数，并求出其常用对数。

```
#include <stdio.h>
#include <math.h>
int main(void)
{char ch;
 int x=0;
 double y;
 printf("请输入一行字符:\n");
 while(____(1)____!='\n')            /*先赋值后判断*/
   {if(ch>='0'&&ch<='9')
     x=____(2)____;                  /*ch-'0'将数字字符转化为对应整数*/
   }
 y=____(3)____;
 printf("得到的整数=%d\n 其常用对数=%f\n",x,y);
 return 0;
}
```

七、编程题

1. 求斐波那契数列的前 30 项。该数列的变化规律是：前两项都是 1，从第三项开始的每一项等于其前面两项之和。

2. 从键盘输入一个正整数，求其总位数。

3. 从键盘输入一批以@作为结束标记的字符，分别统计其中字母、数字及其他字符的个数。

4. 猴子吃桃问题。某一天猴子摘了若干个桃子，当即吃掉一半，仍不过瘾，又多吃了一个。第二天再将剩下的桃子吃掉一半又多吃了一个。以后每天都是吃掉前一天剩下的一半零一个。到了第十天想再吃时，发现只剩下一个桃子了。求出第一天总共摘了多少个桃子。

5. 已知数列 1/2, 2/3, 3/5, 5/8, …，求其前 10000 项之和。

6. 利用公式 $e = 1 + \dfrac{1}{1!} + \dfrac{1}{2!} + \dfrac{1}{3!} + \cdots$ 计算自然常数 e 的近似值，直至某一项的值小于 10^{-15} 时停止累加。

7. 求 a+aa+aaa+aaaa+…（如 2+22+222+2222+22222）的前 n 项之和。

8. 用迭代法求算术平方根，已知求 a 的算术平方根的迭代公式为 $x_1 = \dfrac{1}{2}\left(x_0 + \dfrac{a}{x_0}\right)$，要求误差小于 10^{-16}。

9. 用双重循环打印如下图形，限定每条语句只能输出一个字符。

```
   *
  ***
 *****
*******
 *****
  ***
   *
```

第三单元　习题参考答案及解析

一、判断题

1. 错误。

解析：若循环条件一开始为假，则循环体不执行（while 循环或 for 循环）或至少执行一次（do-while 循环）。对于 for 循环，由于可以在其表达式 3 中改变循环变量的值，故即使循环体为空语句，循环也可以正常退出。例如，循环 for(i=1;i<=10;i++);并不是死循环。对于 while 循环和 do-while 循环，由于可以在其条件表达式中改变循环变量的值，故即使循环体为空语句，循环也可以正常退出。例如，循环 i=1;while(i++<=10);也不是死循环。所以，循环体为空语句的循环不一定是死循环。

2. 正确。

解析：C 语言的语法规定：循环体只能是语法意义上的单条语句。若循环体有多条语句，则必须用花括号括起来，从而构成一条复合语句。

3. 正确。

解析：前自增与后自增的基本功能是使变量的值加 1。当其单独作为一个表达式时，二者是没有区别的；只有作为另一个表达式的一部分时，二者才有区别。因此，表达式 i++ 与++i 是没有区别的，从而语句 i++;与语句++i; 的功能是完全相同的。

4. 正确。

解析：从功能上来说，for 循环与 while 循环是完全等价的，只是表现形式不同而已。for 循环可以看作由 while 循环变形而来，也就是将给循环变量赋初值的语句和递变循环变量值的语句合并到 for 语句的括号之中。

5. 错误。

解析：在传统 C 语言中，前自增运算与后自增运算的优先级是相同的。但是，从 C89 标准开始，已将前自增运算与后自增运算的优先级分开，且后自增运算的优先级高于前自增运算。

6. 错误。

解析：C 语言语法规定，循环条件通常为关系表达式或逻辑表达式，也可以是任意的结果类型为整型、实型、字符型、枚举型和指针型的表达式。而且，只要表达式的值非 0，就看作真；只要表达式的值为 0，就看作假。

7. 正确。

解析：当在循环体中执行 break 语句时，将会立即跳出本层的循环体，从而提前结束循环。因而，相当于 break 语句改变了循环的条件，从而能够改变循环的次数。当循环体中执行 continue 语句时，其功能是跳过循环体中 continue 之后的那一部分循环体，而继续进行下一次循环。可见，continue 语句只是改变了循环体的范围，而并未改变循环的条件，因此不会改变循环的次数。

二、选择题

1. BC

解析：在程序 A 中，将 while 语句头与循环体同时括起来，此时的循环体是紧跟在 while 语句头之后的 printf 语句，而并不包括 i++;语句。因而，在循环过程中，变量 i 的值将始终保持不变，从而循环条件始终为真，是一个死循环。

在程序 B 中，for 循环的循环体是行末的分号，即空语句，而不是其后的 printf 语句。不过，该循环将在循环 10 次（i 变为 10）之后结束，因而不是一个死循环。

在程序 C 中，循环变量 i 的初值为 0，循环条件是 i>=0，循环变量递变表达式为 i++。似乎循环条件始终为真，其实不然。这是因为变量 i 是有符号短整型变量，当 i 通过不断加 1 而变为最大值 32767 时，若再加 1，将会因为溢出而变为–32768，从而导致循环条件为假而退出循环。

在程序 D 中，循环变量 i 的初值为 0，循环条件是 i>=0，循环变量递变表达式为 i++。因为变量 i 是无符号短整型变量，当 i 通过不断加 1 而变为最大值 65535 时，若再加 1，将会因为溢出而变为 0，仍然满足循环条件而继续循环，导致循环条件始终为真，所以是一个死循环。

2. B

解析：在程序 A 中，for 语句的表达式 3 为 i+2，实际上不会改变循环变量 i 的值，因为没有进行赋值。因此，在循环过程中 i 的值始终不变，循环条件 i<10 始终为真，所以是

一个死循环。

在程序 B 中，如果没有 if-continue 部分，将会循环输出 100 次。循环体中 if 语句的条件为 i%2，等价于 i%2!=0。因此，当 i 的值是奇数时，执行 continue 语句，跳过之后的 printf 语句。故程序将输出 0～99 的所有偶数，然后退出循环。

在程序 C 中，for 语句的循环条件缺省，此时视为循环条件始终为真。循环体中 if 语句的条件为 i%2，等价于 i%2!=0。因此，当 i 的值是奇数时，执行 continue 语句，跳过之后的 printf 语句，故程序将输出所有的偶数。但 continue 语句并不能使程序退出循环，因此这仍是一个死循环。

在程序 D 中，循环体中 if 语句的条件为!（i%2），等价于 i%2==0。因此，当 i 的值是偶数时，执行 continue 语句。表面上看，当 i 的值是奇数时，将会执行 i++;语句。但是变量 i 的初值为 0，if 条件一开始即为真，导致执行 continue 语句而返回到 while（i<100），并再次执行循环体的 if 语句。在此过程中，i++;语句没有机会得到执行，使得变量 i 的值始终不变，循环条件始终为真。因此，这也是一个死循环。

3. A

解析:在程序 A 中,虽然循环次数和循环变量的取值都正确,但是循环体语句 p=i*（i+1）;不具有累乘的功能,因为在累积运算表达式中,存放结果的变量名必须同时出现在赋值运算符的两侧。因此，变量 p 最后的值为 10*（10+1）=110，并不是 10!的值。

在程序 B 中，循环次数和循环变量的取值都正确，累积变量的初值和累积运算表达式也都正确，故能求出 10!的值。

在程序 C 中，累积变量 p 的初值为 1，循环变量 i 从 10 递变到 2，并通过 p=p*i;将其每个取值累乘到变量 p 中，故也能求出 10!的值。

在程序 D 中，for 循环共循环 5 次，变量 i 与 j 的取值分别是 1 和 10、2 和 9、3 和 8、4 和 7、5 和 6。通过执行循环体语句 p=p*i*j;也可以将 1～10 累乘到变量 p 中，故也能求出 10!的值。

4. C

解析：在本程序中，外循环变量 i 依次取 1，5，9，13，共循环 4 次；内循环变量 j 依次取 3，7，11，15，19，共循环 5 次。故内循环的循环体语句 m++;共执行 4×5=20 次，m 最后的值为 20。

5. B

解析：变量 x 的初值为 3，当第 1 次执行循环体时，表达式 x-=2 的值（等同于变量 x 的值）为 1，故输出 1；然后执行 while(!(--x));，x 的值变为 0，--x 的值也为 0，!（--x）为 1，循环条件为真从而继续循环。当第 2 次执行循环体时，表达式 x-=2 的值（等同于变量 x 的值）为-2，故输出-2；然后执行 while（!（--x））;，x 的值变为-3，--x 的值也为-3，!（--x）为 0，循环条件变为假从而退出循环。

6. A

解析：在 for 循环中，变量 i 取值为 1 到 100。如果 i+1 能被 2 整除、i+2 能被 3 整除、i+3 能被 7 整除，则输出 i+3 的值。假设最终输出的值为 x，则 x 能被 7 整除、x-1 能被 3 整除、x-2 能被 2 整除。对比给定的 4 组结果，可以发现只有选项 A 符合要求。

7. B

解析：在该程序中，外循环变量 i 分别取值 3，2，1，内循环变量分别取值 1，2。故内循环的循环体 printf（"%d", i+j）;共执行 6 次。第 1 次，i=3，j=1，i+j=4；第 2 次，i=3，j=2，i+j=5；第 3 次，i=2，j=1，i+j=3；第 4 次，i=2，j=2，i+j=4；第 5 次，i=1，j=1，i+j=2；第 6 次，i=1，j=2，i+j=3。由于换行语句 printf（"\n"）;位于内循环体之外、外循环体之内，故将进行 3 次换行。

8. D

解析：在该程序中，for 循环共循环 6 次，循环变量 i 取值为 0～5。循环体中 if 条件为 i%2，等价于 i%2!=0，即当 i 为奇数时，if 条件为真执行 if 子句；当 i 为偶数时，if 条件为假执行 else 子句。因此，当 i 取 0 时，输出 c+i='A'+0='A'；当 i 取 1 时，输出 b+i='a'+1='b'；以此类推。

三、填空题

1. 整型 实型 字符型 非 0 0

解析：循环的条件通常为关系表达式或逻辑表达式,也可以是任意的结果类型为整型、实型、字符型、枚举型和指针型的表达式。而且，只要表达式的值非 0，就看作真；只要表达式的值为 0，就看作假。

2. –6、7

解析：当表达式 b=–a++求值时，由于后自增的优先级高于取负，故首先求得 a++的值为 6，然后取负为–6 并赋给变量 b，故 b 的值为–6。由于在对 a++求值时，a 的值自增加 1，故 a 的值为 7。

3. 25

解析：按照逗号表达式的求值步骤，依次执行 a=3，a++与++a，此时 a 的值为 5；再执行 a+3，a 的值不变，因为并没有对变量 a 进行赋值；因而最后求得 a*5 的值为 25。可见，在逗号表达式中，除了最后一个表达式之外，如果在前面的表达式中没有对变量进行赋值，那么这个表达式实际上不起作用。

4. 7

解析：表达式 b–=a+3 等价于 b=b–（a+3）而不是 b=b–a+3，即应将复合赋值运算符的右侧部分括起来作为一个整体参与运算。

5. 真

解析：在 for 语句中，循环条件缺省，也就是没有循环条件，相当于循环条件永远满足，即永远为真。

6. 1

解析：由于 do-while 循环先执行一次循环体，再判断循环条件是真是假，故其循环体至少执行一次。

四、读程序写结果

1. 运行结果：

```
10
```

解析：该程序看起来似乎应该输出 0～9 这十个数，其实不然。这是因为在 for（i=0;i<10;i++）之后有一个分号，这个分号会视为空语句，从而使得循环体是空语句。因此，语句 printf（"%d\n", i）;只在循环结束之后执行 1 次，此时变量 i 的值为 10。

2. 运行结果：

```
0,0
1,1
2,2
```

解析：有人认为该程序的运行结果应该包括变量 i、j 的所有取值的组合，即

```
0,0
0,1
0,2
1,0
1,1
1,2
```

其实不然。这是因为该程序中的 for 循环是单重循环，其循环条件 i<2, j<3; 是一个逗号表达式，实际上起作用的是 j<3（从左到右求值，并取最右一个表达式的值）。故第 1 次输出 0,0，然后变量 i、j 的值分别自增；第 2 次输出 1,1，然后变量 i、j 的值分别自增；第 3 次输出 2,2，然后变量 i、j 的值分别自增。此时，变量 i、j 的值均为 3，从而因循环条件为假而退出循环。

若想输出变量 i、j 的所有取值的组合，则应该采用如下的双重循环结构。

```c
#include <stdio.h>
int main(void)
{int i,j;
 for(i=0;i<2;i++)
    for(j=0;j<3;j++)
       printf("%d,%d\n",i,j);
 return 0;
}
```

3. 运行结果：

```
0,0
0,1
0,2
1,0
1,1
1,2
*****
```

解析：在该程序中，双重循环部分用两层花括号括了起来，但是外层花括号实际上不起作用。这是因为 C 语言的语法只要求将循环体用花括号括起来，而并不要求将 for 语句的语句头也包括在内。因此，此处内循环的循环体是 printf("%d,%d\n",i,j);这一条语句，而外循环的循环体是{for（j=0;j<3;j++）printf（"%d,%d\n",i,j）;}，语句 printf（"*****\n"）;则处于外循环体之外。明确了双重循环的边界，也就不难写出程序的运行结果。

4. 运行结果：

```
  1
 222
 33333
 4444444
```

解析：该程序的功能是输出由字符构成的图形。通过外循环控制输出字符的行数，其循环变量 i 取 1～5，对应行号。

用两个平行的内循环实现一行字符的输出。第一个内循环变量 k 取值 1～5–i，控制输出 5–i 个空格，即第 1 行输出 4 个空格，第 2 行输出 3 个空格，以此类推。

第二个内循环变量 j 取值 1～2*i–1，控制输出 2*i–1 个字符，即第 1 行输出 1 个字符，第 2 行输出 3 个字符，以此类推。字符的值是'0'+i，即行号 i 取 1 时对应的字符是'1'，行号 i 取 2 时对应的字符是'2'，以此类推。输出一行字符之后进行换行。

五、改错题

1. 解析：该程序利用循环求 20 个数中的最大数。每输入一个数，就存入变量 x 中，然后将 x 与变量 max 比较大小，并将较大数存入变量 max 中。程序的总体思路是正确的，但在实现细节上有错误。

问题在于在循环之前变量 max 未赋初值，导致第一次判断 if（x>max）时，变量 max 的值是一个随机值。如果输入的 20 个数恰好都小于这个随机值，那么变量 max 的值将保持该随机值不变，从而得到错误的结果。那么应该如何给变量 max 赋初值呢，在循环之前给 max 赋初值为 0 可以吗？假如限定这批数都是正数，给 max 赋初值为 0 是可行的。因为每个 x 的值都是正数，第一次执行 if（x>max）max=x；之后 max 的初值 0 即被第一个 x 的值取代，从而不会影响最后求得的最大数。不过，假如不限定这批数的正负而输入的 20 个数恰好都是负数，那么变量 max 的值将保持初值 0 不变，从而得到错误的结果。所以，正确的方法是首先将输入的第一个数存入 max 中，然后循环输入剩余的 19 个数，并与 max 进行比较。这样就避免了由于 max 的初值不确定而带来的错误结果。

改正后的源程序：

```
#include <stdio.h>
int main(void)
{int x,max,i;
 printf("请输入20个整数：\n");
 scanf("%d",&max);    /*第一个数直接赋给max*/
 for(i=1;i<=19;i++)
   {scanf("%d",&x);
    if(x>max)
     max=x;
   }
 printf("最大数=%d\n",max);
 return 0;
}
```

2. 解析：在该程序中，判断 m 是否为素数的方法是判断 m 能否被 2～m–1 的整数 i 整除。若 m 能被某一个 i 整除，则 m 不是素数，随即输出相应结论；若所有的 i 都不能整除 m，则 m 是素数，在退出循环之后输出相应结论。

该程序思路看似正确，其实还存在隐患。例如，当输入 6 时，会先输出"6 不是素数"，然后输出"6 是素数"。这是因为在循环体中，当 if 条件 m%i==0 为真时，会输出"不是素数"的结论，然后跳出循环体，接着执行循环之后的 printf 语句，再次输出"是素数"的结论。

　　一种改正的方法是，将 break 语句改为 return 语句，这样当 m 能被 i 整除时，先输出"不是素数"的结论，然后直接执行 return 语句，从而退出当前程序；当所有的 i 都不能整除 m 时，在退出循环之后输出"是素数"的结论。

　　另一种改正的方法是，当 m 能被 i 整除时，暂不输出"不是素数"的结论，而是直接跳出循环。然后在退出循环之后，再通过判断 i 与 m 的大小关系，得出"是素数"或"不是素数"的结论。

　　改正后的源程序之一：

```c
#include <stdio.h>
int main(void)
{int m,i;
 printf("请输入一个大于 1 的正整数：");
 scanf("%d",&m);
 for(i=2;i<m;i++)
 {if(m%i==0)
  {printf("%d 不是素数\n",m);
   return 0;
  }
 }
 printf("%d 是素数\n",m);
 return 0;
}
```

　　改正后的源程序之二：

```c
#include <stdio.h>
int main(void)
{int m,i;
 printf("请输入一个大于 1 的正整数：");
 scanf("%d",&m);
 for(i=2;i<m;i++)
  {if(m%i==0)
    break;
  }
 if(i==m)
   printf("%d 是素数\n",m);
 else
   printf("%d 不是素数\n",m);
 return 0;
}
```

　　3. 解析：在本程序中，用两个变量 f1、f2 存储数列中相邻的两项，f1、f2 的初值都是 1。因为一旦求得第 3 项，第 1 项的值即不再需要保存，故求出第 3 项之后存入 f1 中，即 f1=f1+f2；再求出第 4 项并存入 f1 中，即 f1=f1+f2；以此类推，直至求出第 30 项。

　　该程序思路看似正确，其实存在问题。当运行该程序时，将会发现从第 5 项开始的结果都是错误的。这是因为在循环中，f2 的值始终都是 1，从而导致求得的 f1 的值是增 1 序列。

　　改正的方法是先求出第 3 项并存入 f1 中，即 f1=f1+f2；再求出第 4 项并存入 f2 中，即 f2=f2+f1;。以此类推，直至求出第 30 项，即新求出的连续两项交替存入 f1、f2 中，从而避免出现 f2 的值始终不变的情形。

改正后的源程序：

```
#include <stdio.h>
int main(void)
{long f1,f2;
 int i;
 f1=1;
 f2=1;
 printf("%16ld%16ld",f1,f2);
 for(i=2;i<=15;i++)
   {f1=f1+f2;
    printf("%16ld",f1);
    f2=f2+f1;
    printf("%16ld",f2);
   }
 return 0;
}
```

六、补足程序

1.
（1）a!=0
（2）a%10
（3）a/10

解析：从低位到高位分离正整数 a 的方法，是首先分离出其个位数（r=a%10），并随即输出，然后通过整除 10 去掉其个位数（a=a/10），循环执行以上三步直至 a 变成 0。故循环条件应为 a!=0 或 a>0。

2.
（1）a
（2）b
（3）m%n
（4）n
（5）r
（6）a/n
（7）b/n

解析：该程序实现对分数进行约分，首先求出分子、分母的最大公约数，然后将分子、分母分别除以最大公约数，所得的商即最简分数的分子、分母。

此处采用辗转相除法计算最大公约数。为了保留原始的分子、分母，在辗转相除之前首先将分子、分母的值复制到中间变量 m、n 中，然后对 m、n 进行辗转相除求得最大公约数。

在循环体中，首先求 m、n 相除的余数（r=m%n）。若余数不为 0，则以上一次的除数作为新的被除数（m=n），以上一次的余数作为新的除数（n=r）。直至余数 r 变为 0 时，终止循环，此时的除数 n 即最大公约数。

最后将原分子、分母分别除以最大公约数（a=a/n，b=b/n），从而实现约分。

3.
（1）i<=m/2
（2）m%i==0
（3）s=s+i

解析：要判断变量 m 是不是完数，需要求出 m 的所有真因子并将其累加求和，然后判断所有真因子之和 s 是否与 m 相等。而要求出 100000 以内的所有完数，只需用一个循环控制变量 m 取 1～100000 的整数即可。

要求出 m 的所有真因子，只需以 m 为被除数，以 1～m/2 的整数 i 为除数（显然整数 m 的最大真因子不大于 m/2），两数相除，若余数为 0，则 i 是 m 的真因子。上述过程同样可以通过一个循环实现。

4.
（1）（ch=getchar（ ））
（2）x*10+ch-'0'
（3）log10（x）

解析：每次输入一个字符存入变量 ch 中，直至遇到换行符结束循环。如果 ch 是数字字符，则转化为对应的一位整数。再将 x 中的整数左移一位（乘以 10）之后，加上新得到的这一位整数。最后求出 x 的常用对数，并输出结果。

七、编程题

1.
编程思路：
（1）分别将数列的前两项存入变量 f1、f2 中。
（2）根据数列的规律求出下一项并存入变量 f3 中。
（3）将 f2 的值存入 f1，f3 的值存入 f2，为求得下一项做好准备。
（4）循环执行第（2）和第（3）步，直至求出前 30 项。
源程序：

```c
#include <stdio.h>
int main(void)
{long f1,f2,f3;
 int i;
 f1=1;
 f2=1;
 printf("%16ld%16ld",f1,f2);
 for(i=3;i<=30;i++)
   {f3=f1+f2;
    printf("%16ld",f3);
    f1=f2;
    f2=f3;
   }
 return 0;
}
```

2.

编程思路：

（1）若整型变量 a 的值不为 0，则将 a 整除 10 得到的商重新赋给 a（相当于将 a 的个位去掉），同时将统计位数的变量 n 的值加 1。

（2）循环执行第（1）步，直至 a 的值变成 0，变量 n 的值就是其总位数。

源程序：

```c
#include <stdio.h>
int main(void)
{long a;
 short n=0;
 printf("请输入一个正整数:");
 scanf("%ld",&a);
 while(a!=0)
   {a=a/10;
    n++;
   }
 printf("整数总位数=%hd\n",n);
 return 0;
}
```

3.

编程思路：

（1）输入一个字符并存入变量 ch 中。

（2）若 ch 为字母，则令 c_1 加 1 计数；若 ch 为数字，则令 c_2 加 1 计数；否则，令 c_3 加 1 计数。

（3）循环执行第（1）和第（2）步，直至遇到'@'为止。

（4）最后输出统计结果。

源程序：

```c
#include <stdio.h>
int main(void)
{char ch;
 int c1,c2,c3;
 c1=c2=c3=0;
 printf("请输入一行字符:\n");
 while((ch=getchar())!='@')              /*先赋值后判断*/
   {if(ch>='a'&&ch<='z'||ch>='A'&&ch<='Z')
      c1++;
    else  if(ch>='0'&&ch<='9')
      c2++;
    else
      c3++;
   }
 printf("字母个数=%d\n 数字个数=%d\n 其他字符个数=%d\n",c1,c2,c3);
 return 0;
}
```

C 语言程序设计训练教程

4.

编程思路:

根据题意,第 n–1 天的数量等于第 n 天的数量加 1 再乘以 2。先由第 10 天的数量推出第 9 天的数量,再推出第 8 天的数量,直至推出第 1 天的数量。

源程序:

```
#include <stdio.h>
int main(void)
{int x,i;
 x=1;                    /*第 10 天桃子数*/
 for(i=9;i>=1;i--)
    x=(x+1)*2;           /*第 n-1 天数量等于第 n 天数量加 1 再乘以 2*/
 printf("第一天桃子总数=%d\n",x);
 return 0;
}
```

5.

编程思路:

(1)将数列首项的分子、分母分别存入变量 a、b 中。

(2)求出当前项,并累加到变量 s 中。

(3)根据数列的规律求出下一项的分子、分母。

(4)循环执行第(2)和第(3)步,直至累加 10000 项。

(5)最后输出结果。

源程序:

```
#include <stdio.h>
int main(void)
{double s;
 int a,b,t,i;
 s=0;
 a=1;
 b=2;
 for(i=1;i<=10000;i++)
   {s=s+(double)a/b;
    t=a+b;   /*t 暂存当前项的分子、分母之和*/
    a=b;     /*以当前项的分母作下一项的分子*/
    b=t;     /*以当前项的分子、分母之和作下一项的分母*/
   }
 printf("s=%.16f\n",s);
 return 0;
}
```

6.

方法一:利用双重循环计算。

编程思路:

(1)利用循环求得 n!的值。

(2)将求得的 n!的倒数累加到变量 e 中。

（3）令变量 n 从 1 开始依次加 1 递增，循环执行第（1）和第（2）步，直至某一项的值小于 10^{-15} 时。

（4）最后输出累加和。

源程序：

```
#include <stdio.h>
int main(void)
{double e,p;
 int n,k;
 e=1;                    /*该语句必须在外循环之前*/
 for(n=1;;n++)
   {p=1;                 /*该语句必须在外循环体内部*/
   for(k=1;k<=n;k++)  /*求 n 的阶乘*/
     p=p*k;
   if(p>1e15)  break;
   e=e+1/p;
   }
 printf("e 的近似值=%.20f\n",e);
 return 0;
}
```

方法二：利用单重循环计算。

编程思路：

（1）利用（n–1）!*n 求得 n!的值。

（2）将求得的 n!的倒数累加到变量 e 中。

（3）令变量 n 从 1 开始依次加 1 递增，循环执行第（1）和第（2）步，直至某一项的值小于 10^{-15} 时。

（4）最后输出累加和。

源程序：

```
#include <stdio.h>
int main(void)
{double e,p;
 int n;
 e=1;
 p=1;            /*该语句必须在循环之前*/
 for(n=1;;n++)
   {p=p*n;    /*求 n 的阶乘*/
   if(p>1e15)  break;
   e=e+1/p;
   }
 printf("e 的近似值=%.20f\n",e);
 return 0;
}
```

7.

编程思路：

（1）输入基础数字 a 和项数 n。

（2）求出下一项（下一项等于当前项乘以 10 再加上 a），并累加求和。

（3）循环执行第（2）步，直至前 n 项累加完成。

（4）最后输出结果。

源程序：

```c
#include <stdio.h>
int main(void)
{int a,n,i;
 long t,s;
 printf("请输入基础数字与项数：\n");
 scanf("%d%d",&a,&n);
 t=0;
 for(i=1;i<=n;i++)
   {t=t*10+a;    /*求得下一项*/
    s=s+t;
   }
 printf("各项之和=%ld\n",s);
 return 0;
}
```

8.

编程思路：

迭代法就是首先取得变量的一个初始值，然后按照某种规律求出下一个值。以此类推，直至获得理想的终止值。变量的初始值通常通过估值取得。

（1）取平方根的初始估值 x 为 $a/2$。

（2）将当前的迭代值 x 转存入另一个变量 $x0$ 中。

（3）根据迭代公式 $x=(x0+a/x0)/2$，求出下一个迭代值 x。

（4）循环执行第（2）和第（3）步，直至连续两项之差的绝对值小于 10^{-16}。

源程序：

```c
#include <stdio.h>
#include <math.h>
int main(void)
{double a,x,x0;   /*x0用于保存最新一次迭代之前的 x 值*/
 printf("请输入一个非负实数：");
 scanf("%lf",&a);
 x=a/2;             /*第 1 次估值*/
 do
   {x0=x;           /*若此语句与下一语句互换位置，则 x0 与最新一次迭代的 x 等值*/
    x=(x0+a/x0)/2;
   }
 while(fabs(x-x0)>=1e-16);
 printf("a 的平方根近似值=%.20f\n",x);
 return 0;
}
```

9.

编程思路：

（1）将该菱形图形看作由前 4 行和后 3 行分别构成的两个三角形。

（2）其中的每一行由若干个连续的空格或星号构成。

（3）用外循环控制三角形中的行数。

（4）用两个平行的内循环分别控制在一行中输出特定个数的空格和星号。

源程序：

```
#include <stdio.h>
int main(void)
{int  i,j,k;
 for(i=1;i<=4;i++)    /*输出前 4 行*/
   {for(j=1;j<=4-i;j++)
      printf(" ");
    for(k=1;k<=2*i-1;k++)
      printf("*");
    printf("\n");
   }
 for(i=3;i>=1;i--)    /*输出后 3 行*/
   {for(j=1;j<=4-i;j++)
      printf(" ");
    for(k=1;k<=2*i-1;k++)
      printf("*");
    printf("\n");
   }
 return 0;
}
```

第四单元　实　验　指　导

实验一

一、实验目的

掌握循环结构程序设计的一般方法及其调试方法。

二、实验要求

1. 仔细阅读下列实验内容，并编写相应的 C 语言源程序。

2. 在 C 语言运行环境下，编辑录入源程序。

3. 调试运行源程序，注意观察调试运行过程中发现的错误及改正方法。

4. 掌握根据出错信息查找语法错误的方法。

5. 最后提交带有充分注释的源程序文件（扩展名为 c）。要求该文件必须能够正确地编译及运行，并不得与他人作品雷同。

三、实验内容

1. 以下程序的功能是计算 $\dfrac{1}{1\times3}-\dfrac{1}{3\times5}+\dfrac{1}{5\times7}-\dfrac{1}{7\times9}+\cdots+\dfrac{1}{97\times99}-\dfrac{1}{99\times101}$ 的值。调试运

行该程序，并改正其中的错误。

```
#include <stdio.h>
int main(void)
{
int s,i;
for(i=0;i<=24;i+4)
  {s=s+1/(4i+1)*(4i+3);
   s=s-1/(4i+3)*(4i+5);
  }
printf("s=%d\n",s);
return 0;
}
```

2. 海萍夫妇为了彻底告别"蜗居"生活，贷款 120 万元购买了一套三居室 。若贷款月利率为 0.5%，还款期限为 120 个月，还款方式为等额本金还款法（贷款期限内每期以相等的额度偿还贷款本金，贷款利息随本金逐期递减）。编写程序求出每个月还款的本金、每个月的利息以及总利息分别是多少元。

3. 若问题 2 中还款方式采用等额本息还款法（贷款期限内每期以相等的额度偿还贷款本息，贷款利息随本金逐期递减）。编写程序求出每个月还款的本金、每个月的利息以及总利息分别是多少元。

实验二

一、实验目的

掌握循环结构程序设计的一般方法及其调试方法。

二、实验要求

1. 仔细阅读下列实验内容，并编写出相应的 C 语言源程序。
2. 在 C 语言运行环境下，编辑录入源程序。
3. 调试运行源程序，注意观察调试运行过程中发现的错误及改正方法。
4. 掌握根据出错信息查找语法错误的方法。
5. 最后提交带有充分注释的源程序文件（扩展名为 c）。要求该文件必须能够正确地编译及运行，并不得与他人作品雷同。

三、实验内容

1. 以下程序的功能是分别计算 1!，3!，5!，…，19! 的值以及它们的和。调试运行该程序，并改正其中的错误。

```
#include <stdio.h>
int main(void)
{long s,p;
 int n,k;
 s=0;
 p=1;
 for(n=1;n<=19;n+2)
```

```
    {
      for(k=1;k<=n;k++)
        p=p*k;
      printf("%d!=%ld\n",n,p);
      s=s+p;
    }
  printf("s=%ld\n",s);
  return 0;
}
```

2. 你知道你生日那天是星期几、你爸爸生日那天是星期几吗？你可能会说：可以查万年历啊！然而，不查万年历你能计算出来吗？

编写程序实现：输入任意一个日期的年、月、日的值，求出从公元 1 年 1 月 1 日到该日期前一年的年末总共有多少天，到该日期前一个月的月末总共有多少天，到这一天总共有多少天，并求出这一天是星期几。

要求：

（1）在输入数据时，数据之间以空格隔开。

（2）在输出星期值时，要求使用全中文形式（如"星期一"），而不能使用"星期 1"这种形式。

参考测试数据及结果：

请输入年月日的值（以空格隔开）：

2012 3 31

到前一年年末的天数=734502

到前一个月月末的天数=734562

到这一天的天数=734593

这一天是星期六

请输入年月日的值（以空格隔开）：

2014 4 1

到前一年年末的天数=735233

到前一个月月末的天数=735323

到这一天的天数=735324

这一天是星期二

常见问题

（1）闰年的规律是不是四年一闰？

答：四年一闰是儒略历（儒略也就是凯撒大帝）的置闰规则。我们现在使用的是格里高利历，置闰规则是每 400 年 97 闰。

（2）公元 1 年 1 月 1 日是星期几呢？

答：星期一。

（3）据说从儒略历改为格里高利历时，将 1582 年 10 月 4 日的下一天定为格里高利历的 10 月 15 日，中间消去了 10 天，这会不会影响星期值的计算？

答：这个调整是对儒略历误差的纠正，并不会影响总天数和星期值的计算。

第6章 数 组

第一单元 重点与难点解析

1. 使用数组有什么优势？

数组是一组类型相同的数据的集合，使用数组的优势就是便于使用循环结构处理大批量的数据。

2. 在什么情况下需要使用数组？

在程序中有批量类型相同的数据需要存储时，就可以考虑使用数组。

3. 定义数组时其长度可以是变量吗？

从 C99 往后的标准可以，在以前的标准如 C89 标准中是不可以的。

4. 在什么情况下，定义数组时可以省略数组的长度？

对于一维数组，如果在定义时进行了初始化，且赋值个数与数组的长度相等，则可不指定数组的长度。如 int a[]={1, 2, 3, 4, 5};。此时系统可以自动判断出数组的长度是 5。

对于二维数组，在初始化时行数可以缺省，但列数不能缺省。例如，int a[][3]={{1, 2, 3}, {4, 5, 6}};。此时，系统可以按照初值的个数来确定二维数组的行数是 2。

5. 如果希望数组元素的下标为 1～10 而不是 0～9 该如何处理呢？

将数组的长度定义为 11 即可，如 int a[11]。这样就可以使用 a[1]～a[10]这 10 个元素，当然 a[0]闲置不用，尽量还是使用 a[0]～a[9]更加符合 C 语言的习惯。

6. C 语言对数组的下标会进行越界检查吗？如果越界了，会怎样？

C 语言不会对数组的下标进行越界检查，如果越界了会出现不可预知的结果。

7. 表达式 sizeof（a）/sizeof（a[0]）能计算出数组 a 的长度吗？

能。因为 sizeof（a）的值是数组 a 所占的总字节数，而 sizeof（a[0]）是数组元素 a[0]所占的字节数，两者相除的商自然是数组的长度。

8. 为什么处理二维数组时通常用外循环控制行号、用内循环控制列号？

因为在处理二维数组中的数据时一般是按照行优先的顺序来进行的，即先行后列，所以通常用外循环控制行号，用内循环控制列号。

第二单元 习 题

一、判断题

1. 在同一个数组中，可以存储不同类型的数据。（　　）
2. 若有定义 float a[6]={1, 2, 3};，则数组 a 中含有 3 个元素。（　　）
3. 若有定义 int a[3][4];，则 a['b'–'a'][2]是对数组 a 元素的正确引用。（　　）
4. 当数组初始化时，若初始值个数少于数组元素的个数，则 C 语言自动将剩余的元素初始化为初始化列表中的最后一个初始值。（　　）

5. 若有定义 int a[5];，则可以通过语句 scanf（"%d", a）;输入全部元素的值。（   ）

6. 定义数组 int a[10]; 之后，可以执行语句 a[10]=10;给数组元素赋值。（   ）

7. 定义数组 int a[10]; 之后，可以通过执行语句 for（i=0;i<10;i++）scanf（"%d", &a[i]）;给数组元素输入 10 个数据值。（   ）

二、选择题

1. 在 C 语言中，当引用数组元素时，其下标允许是_____。

A. 双精度型常量　　　　　　　B. 单精度型常量

C. 整型常量或整型表达式　　　D. 任何类型的表达式

2. 若数组定义为 int a[3][2]={1, 3, 4, 6, 8, 10};，则数组元素_____的值为6。

A. a[3][2]　　　　B. a[1][1]　　　　C. a[2][1]　　　　D. a[2][2]

3. 若有定义 int a[10][11];，则数组 a 包含_____个元素。

A. 11　　　　　　B. 90　　　　　　C. 110　　　　　　D. 132

4. 以下程序的输出结果是_____。

```
int main(void)
{int a[5]={1,2,3};
 printf("%d",a[3]);
 return 0;
}
```

A. 0　　　　　　　B. 1　　　　　　C. 3　　　　　　D. 随机值

5. 若有 double z, y[3]={2, 3, 4};z=y[y[0]];，则 z 的值是_____。

A. 2　　　　　　　B. 1　　　　　　C. 3　　　　　　D. 有语法错误

6. 以下不能对二维数组 a 正确进行初始化的语句是_____。

A. int a[2][3]={0};

B. int a[][3]={{1, 2}, {0}};

C. int a[2][3]={{1, 2}, {3, 4}, {5, 6}};

D. int a[][3]={1, 2, 3, 4, 5, 6};

7. 若二维数组 a 有 m 行 n 列，则在 a[i][j]之前的元素个数为_____。

A. j*n+i　　　　B. i*n+j　　　　C. i*n+j-1　　　　D. i*n+j+1

8. 若有定义语句 int a[3][5];，则按内存中的存放顺序，数组 a 的第 8 个元素是_____。

A. a[0][4]　　　　B. a[1][2]　　　　C. a[0][3]　　　　D. a[1][4]

9. 以下程序的运行结果是_____。

```
int main(void)
{
 int a[4][4]={{1,2,3,4},{5,6,7,8},{3,9,10,2},{4,2,9,6}};
 int i,s=0;
 for(i=0;i<4;i++)
     s+=a[i][1];
 printf("%d\n",s);
 return 0;
}
```

A. 11   B. 19   C. 13   D. 20

三、填空题

1. 若有定义 double x[3][5];，则 x 数组中行下标的下限为_____，列下标的上限为_____。

2. 在数组 int score[10]={1, 2, 3, 4, 5, 6};中,元素的个数有_____个,其中 score[8] 的值为_____。

3. 已知 int 型的变量占用 4 个字节，若有定义 int x[10]={0, 2, 4};，则数组 x 在内存中所占用的字节数是_____。

4. 二维数组的元素是以_____的顺序存储的。

四、改错题

改正下列程序中画线的代码中的错误。

1. 程序功能：从键盘输入 10 个数，找出能同时被 3 和 7 整除的数并输出。

```
#include <stdio.h>
#define N 10
int main()
{int a[N],i;
printf("请输入%d 个整数(用空格分隔): \n",N);
 for(i=0; (1)i<=N;i++)
    (2)scanf("%d",a[i]);
 printf("能同时被 3 和 7 整除的数如下: \n");
 for(i=0;i<N;i++)
    {(3)if(a[i]%3==0 ,a[i]%7==0)
       printf("%d\n",a[i]);
    }
 return 0;
}
```

2. 程序功能：将数组 a 中的 10 个数前后倒置并输出。

```
#include <stdio.h>
#define  N 10
int main(void)
{int a[N]={0,1,2,3,4,5,6,7,8,9},i,j,t;
 printf("数组中正序存放的数如下: \n");
 for(i=0;i<N;i++)
    printf("%d  ",a[i]);
 printf("\n");
 for(i=0, (1)j=N; (2)i>j;i++,j--)
    {t=a[i];
     a[i]=a[j];
     a[j]=t;
    }
 printf("数组中倒置之后的数如下: \n");
```

```
for(i=0;i<N;i++)
  printf("%d  ",a[i]);
printf("\n");
return 0;
}
```

3. 程序功能：找出数组 10 个元素中的最小值及其下标并输出。

```
#include <stdio.h>
int  main(void)
 {
  int a[10]={5,6,4,7,8,9,1,2,0,10} ;
  int i=0,p=0;
  (1)for(i=1,i<10,i++)
  (2)    if a[i]<a[p]
  (3)       i=p;
  printf("min:a[%d]=%d\n",p,a[p]);
  return 0;
 }
```

4. 程序功能：输入 10 个不重复的整数存放在数组 arr 中，然后删除数组中值为 x 的元素。

```
#include <stdio.h>
#define N 10
int main(void)
{
    int arr[N],i,j=0,x;
    for (i=0;i<N;i++)
     (1)scanf("%d",arr[i]);
    printf("\n 输入要删除的数 x : ");
    scanf("%d",&x);
    while(x!=arr[j])
    {
      if(j<N-1)
        j=j+1;
      else
      (2)continue;
    }
    if(j==N-1)
        printf("在数组 arr 中没有找到 x: %d",x);
    else
    {
    for(i=j;i<N-1;i++)
       (3)arr[i+1]=arr[i];
    printf("删除 x 之后的数组元素如下:\n");
    for(i=0;i<N-1;i++)
       printf("%5d",arr[i]);
    }
  return 0;
}
```

5. 程序功能：将 M 行 N 列的二维数组中的数据，按列优先的顺序依次放到一个一维数组中，并以每行 M 个数的形式输出。

```c
#include<stdio.h>
#define M 3
#define N 4
int main(void)
{
 int a[M][N]={{10,11,12,13},{20,21,22,23},{30,31,32,33}},b[M*N]={0};
 (1)int i,j,n;
 for(i=0;i<N;i++)
   {
    for(j=0;j<M;j++)
      {
       (2)b[n]=a[i][j];
       n++;
      }
   }
 for(i=0;i<n;i++)
   {
    printf("%3d",b[i]);
    (3)if(i%M==0)
    printf("\n");
   }
 return  0;
}
```

五、读程序写结果

1.
```c
#include<stdio.h>
int main(void)
{int a[10]={0,1,2,3,4,5,6,7,8,9};
 int i;
 for(i=0;i<10;i++)
   if(i%2!=0)
     printf("a[%d]=%d  ",i,a[i]);
 return 0;
}
```

2.
```c
#include<stdio.h>
int main(void)
{int a[10]={0,1,2,3,4,5,6,7,8,9};
 int b[10]={1,2,3,4,5,6,7,8,9,10};
 int c[10],i;
 for(i=0;i<10;i++)
   {c[i]=a[i]+b[i];
    printf("%5d",c[i]);
```

```
        if((i+1)%5==0)  printf("\n");
    }
 return 0;
}
```

3.

```
    #include<stdio.h>
    int main(void)
    {int a[10]={2,4,6,-8,10,12,-14,-1,-3,16};
        int i,s=0,count=0;
        for(i=0;i<10;i++)
            if(a[i]>0)
            {s+=a[i];
             count++;
             }
        printf("s=%d,count=%d\n",s,count);
        return 0;
    }
```

4.

```
#include<stdio.h>
int main(void)
{int i,j,s=0,a[3][3]={1,2,3,4,5,6,7,8,9};
 for (i=0; i<3; i++)
   for(j=0;j<=i;j++)
     s=s+a[i][j];
  printf("s=%d\n ",s);
  return 0;
}
```

5.

```
    #include<stdio.h>
    #define N 3
    int  main(void)
    {int a[N][N]={{10,11,12},{20,21,22},{30,31,32}},b[N][N]={0};
     int i,j;
     for(i=0;i<N;i++)  //循环1
        {b[i][N-1]=a[0][i];
         b[i][0]=a[N-1][i];
         }
      for(i=0;i<N;i++)   //循环2
        {for(j=0;j<N;j++)
            printf("%3d",b[i][j]);
         printf("\n");
         }
     return  0;
    }
```

6.

```
    #include<stdio.h>
```

```
#define N 3
int main(void)
{
 int a[N][N]={{1,2,3},{4,5,6},{7,8,9}},b[N][N];
 int i,j;
 for(i=0;i<N;i++)   //循环1
   for(j=0;j<N;j++)
      b[j][i]=a[i][j];
 for(i=0;i<N;i++)   //循环2
   {for(j=0;j<N;j++)
      printf("%3d",b[i][j]);
    printf("\n");
 }
 return 0;
}
```

六、补足程序

1. 程序功能：用"两路合并法"把两个已按升序排列的数组 a、b 合并成一个升序数组 c。

```
#include <stdio.h>
int main(void)
{
 int a[4]={1,2,5,8};
 int b[6]={1,3,4,8,12,18};
 int i,j,k,c[20];
 i=j=k=0;
 while (i<4||j<6)
    if(a[i]<=b[j])
    {c[k]=___(1)___; k++;___(2)___;}
    else
    {c[k]=___(3)___; k++;___(4)___; }
 for (i=0;i<k;i++)
   printf("%4d",c[i]);
 return 0;
}
```

2. 程序功能：将一个十进制整数转换成二进制数，所得二进制数的每一位存入一个数组元素中（二进制数的最低位存入数组的 0 号元素中），最后输出此二进制数。

```
#include <stdio.h>
int main(void)
{
 int b[16],x,k,r,i;
 printf("输入一个十进制整数x:");
 scanf("%d",___(1)___);
 printf("%d 对应的二进制数是:",x);
 k=0;
 do
```

```
        {
          r=x%  ___(2)___ ;
          b[  ___(3)___  ]=r;
          k++;
          x/=  ___(4)___ ;
        }while (x!=0);
        for(i=k-1; i>=0; i--)
            printf("%d", b[i]);
        return 0;
    }
```

3. 程序功能：从键盘输入一组正整数，以任意负数作为输入结束标志，求得其中的最大值和最小值。

```
#include <stdio.h>
#define   N  100      //假设最多输入100个数，可以根据实际修改
int  main(void)
{
    int i=0,n=0,max,min,a[N];
    printf("请输入一批正整数(用空格分隔)，用负数结束：\n");
    while(1)          //循环次数不定，使用永真循环
    {
     scanf("%d",&a[i]);
     if(a[i]<0)
     ___(1)___ ;
     i++;
     n++;                  //n用来统计数据个数

    }
    max=min=a[0];    //若只考虑第一个数，则它既是最大数，也是最小数
    for(i=1;i<n;i++)
    {
     if(___(2)___) max=a[i];
     if(___(3)___) min=a[i];
    }
    printf("max=%d\tmin=%d\n",max,min);
    return 0;
}
```

4. 程序功能：输出给定二维数组中行号、列号之和为3的数组元素及其平均值。

```
#include <stdio.h>
int main(void)
{
 int a[4][3]={{1,2,3},{4,5,6},{7,8,9},{10,11,12}};
 int i,j,k,sum=0,count=0;
 for(i=0;___(1)___;i++)      //循环1
    for(j=0;___(2)___;j++)   //循环2
    {
     k=i+j;
```

```
        if(    (3)    )
        {
          printf("%d\n",a[i][j]);
          sum=sum+a[i][j];
          count++;
        }
    }
    printf("average=%.2f\n",    (4)    );
    return  0;
}
```

七、编程题

1. 从键盘输入 10 个整数存入一维数组中，分别计算下标为奇数的元素之和及下标为偶数的元素之和并输出。要求首先将输入的 10 个整数输出，然后输出奇数下标元素之和与偶数下标元素之和。

2. 输入一组整数（假设最多 100 个）保存到数组 a 中，输入–99999 时结束输入，编程统计数组 a 中正数、0、负数的个数并输出。

3. 从键盘上输入 5 名学生三门课程的成绩，计算每名学生的总分和平均分，要求使用一个二维数组存储学生的 5 项信息。最后按总分降序输出每名学生的各项信息。

4. 已知一个已经排好序的数组{3, 7, 11, 15, 19, 21, 25, 37, 75, 99}，要求输入一个数，然后在数组中进行顺序查找。如果能够找到此数，则将此数从该数组中删除，然后输出其他元素值；如果找不到该数，则输出"查无此数!"的信息。

5. 已知一个按升序排序的数组，要求输入一个数，并按原来排序的规律将它插入数组中，最后输出结果。

第三单元　习题参考答案及解析

一、判断题

1. 错误。

解析：C 语言中同一个数组只可以存储同一种类型的数据。如 float a[10]，数组 a 中只可以存储 10 个 float 型的数据，不可以存储其他类型的数据。尽管 C 语言中整型、实型和字符型数据赋值兼容，可以用字符型或实型数据对一个整型数组进行初始化，如 int a[10]={1, 2, 'A'}; 是正确的，但是最终存在整型数组中的数据一定是一个整数。

2. 错误。

解析：数组 a 中包含 6 个元素，尽管初值只有 3 个，但数组的元素个数不变。

3. 正确。

解析：表达式'b'–'a'结果是 1（两个字母的 ASCII 码相减），故数组元素 a['b'–'a'][2]就是 a[1][2]，是正确引用。

4. 错误。

解析：当数组初始化时，当初始值个数少于数组元素的个数时，对于 int 型的数组，C

语言会自动将剩余的元素初始化为 0；对于 char 型的数组，会自动初始化为空字符'\0'，即对于不同类型的数组，将自动初始化为相应类型的零值，并不是初始化为初始化列表中的最后一个初始值。

5. 错误。

解析：在 C 语言中数组名表示数组的起始地址，也就是第一个元素的地址，所以语句 scanf（"%d", a）;相当于 scanf（"%d", &a[0]）;。故只能给元素 a[0]输入数据，而不能输入全部元素的值。

6. 错误。

解析：C 语言中数组元素的下标是从 0 开始的，所以定义数组 int a[10]之后可以引用 a[0]~a[9]这 10 个元素，但是不可以引用 a[10]。

7. 正确。

解析：语句 for（i=0;i<10;i++）scanf（"%d", &a[i]）;循环执行 10 次，循环变量 i 的值从 0 递增到 9，正好实现依次给数组元素 a[0]~a[9]输入 10 个数据值。

二、选择题

1. C

解析：在 C 语言中，当引用数组元素时，其下标的值应该是一个正整数，所以下标形式允许是整型常量、整型变量、整型表达式、字符常量（取它的 ASCII 码值）、字符变量（取它的值的 ASCII 码值）、字符表达式（如'c'−'a'，相当于 2）等。

2. B

解析：数组 a 包含 3 行 2 列，即包含 a[0][0]，a[0][1]，a[1][0]，a[1][1]，a[2][0]，a[2][1] 六个元素。6 是初值列表中的第 4 个数，故对应数组元素 a[1][1]。

3. C

解析：一个二维数组所包含的元素个数为它的行数 × 列数，所以数组 a 共包含 10*11=110 个元素。

4. A

解析：在 C 语言对数组进行初始化时，对于未赋值的 int 型数组元素值自动取 0。

5. D

解析：在程序编译时，会出现如下所示的语法错误信息[Error] array subscript is not an integer，这是因为 C 语言中数组元素的下标值只能是整型、字符型。此处，y[0]是一个 double 型的数据，故不能用作数组元素的下标。

6. C

解析：选项 A 中对数组只赋了一个数值，其余的 5 个元素自动赋值 0，是正确的；选项 B 中省略了行数，此时行数由所赋的初值个数或分组数来确定（此处初值共有两组，由此确定行数是 2）；选项 C 中定义的数组是 2 行 3 列，而初值分为 3 组，这是不可以的；选项 D 中定义的数组有 3 列，所以能根据初值的个数计算出有 2 行。

7. B

解析：由于二维数组 a 有 m 行 n 列，所以每行有 n 个元素。对于元素 a[i][j]，它的前面共有 i 个完整的行（从第 0 行至第 i−1 行）；而它所在的第 i 行，在第 j 列之前共有 j 列（从第 0 列至第 j−1 列）。所以，它的前面共有 i*n+j 个元素。

8. B

解析：C 语言的二维数组是按照行优先的顺序存放的，对于数组 a[3][5]，第一行的 5 个元素分别是 a[0][0]，a[0][1]，a[0][2]，a[0][3]，a[0][4]，第二行的前三个元素是 a[1][0]，a[1][1]，a[1][2]，所以第 8 个元素就是 a[1][2]。

9. B

解析：此程序的关键点是语句 for（i=0;i<4;i++）s+=a[i][1];。循环变量 i 的初值为 0，终值为 3，步长为 1，共循环 4 次，故语句 for（i=0;i<4;i++)s+=a[i][1];相当于 s=a[0][1] +a[1][1] +a[2][1]+a[3][1]=2+6+9+2，所以 s 的结果为 19。

三、填空题

1. 0　　4

解析：C 语言中数组元素的下标是从 0 开始的，即下限为 0。当列数定义为 5 时，列下标的取值范围自然是 0～4，即上限为 4。

2. 10　　0

解析：在数组定义语句 int　score[10]={1, 2, 3, 4, 5, 6};中，6 个初值将会依次赋给数组元素 score[0]～score[5]，而其他 4 个元素的值将会自动取 0，所以 score[8]的值为 0。

3. 40

解析：一个元素占用 4 个字节，数组 x 共有 10 个元素，故内存中所占的字节数是 4*10=40 个，尽管初始化时只有 3 个值，但是数组所占总的字节数是由数组元素的总个数确定的。

4. 行优先

解析：C 语言中二维数组的元素是以行优先的顺序存储的，即首先存放第 0 行的所有元素，然后存放第 1 行的所有元素，直到最后一行。

四、改错题

1. （1）i<N　　（2）scanf（"%d", &a[i]）；　　（3）if（a[i]%3==0 && a[i]%7==0）

解析：（1）数组 a 的元素下标 i 应该从 0 开始，到 N-1 结束，所以应该是 i<N 或者 i<= N-1。

（2）scanf 中变量名左边应该有取地址运算符。

（3）表达两个条件同时成立，应使用逻辑与运算符&&。

2. （1）j=N-1　　（2）i<j

解析：前后倒置就是把 a[0]与 a[9]的值互换，把 a[1]与 a[8]的值互换，以此类推，直到 a[4]与 a[5]的值互换。需要注意，10 个数应该互换 5 次。

3. （1）for（i=1;i<10;i++）　　（2）if（a[i]<a[p]）　　（3）p=i;

解析：要找出 10 个数中的最小数，此程序算法使用的是"打擂台"的方法。即首先假设第一个数（下标为 0 的元素）最小（p=0）；然后依次将后面其余的 9 个数跟它进行比较，如果发现后面的某个数 a[i]（i 从 1～9）比它（a[p]）还要小，则给变量 p 重新赋值（p=i）；最后 a[p]自然就是最小值。下面依次解释一下三处错误的原因：

（1）C 语言中 for 语句中的三个表达式之间应该用分号而不能使用逗号分隔。

（2）if 语句中条件表达式应该使用圆括号括起来。

（3）当发现后边的某个数 a[i]比当前的最小数 a[p]还要小时,应该把下标 i 的值赋给 p,所以应该是 p=i;。

4.（1）scanf（"%d", &arr[i]）;　　　（2）break;　　　（3）arr[i]=arr[i+1];

解析：要删除数组中的某个数,需要首先在数组中找到这个数（程序中是下标为 j 的元素）,然后将位于它后面元素的值（下标从 j+1 开始一直到 N−1）依次前移一个数据位（for（i=j;i<N−1;i++）arr[i]=arr[i+1]; ）。下面依次解释一下三处错误的原因：

（1）C 语言中使用 scanf 输入数据时,变量名前必须加取地址运算符&。

（2）此处是查找要删除的数据,已经查找到最后一个元素（下标为 N−1）,则应该结束循环,所以应该使用 break 语句。而 continue 语句的作用是终止本次循环,继续下一次循环。

（3）此处已经定位好下标为 j 的元素就是要删除的数,只需把位于它后面的元素的值依次前移一个数据位即可。所以,应该是将第 i+1 个数组元素的值赋值给第 i 个数组元素,即 arr[i]=arr[i+1];,而不是相反。

5.（1）int i, j, n=0;　　　（2）b[n]=a[j][i];　　　（3）if（（i+1）%M==0）

解析：（1）int i,j,n=0;,此处变量 n 用作一维数组元素的下标,所以应该初始化为 0。

（2）b[n]=a[j][i];,因为此处是列优先顺序,故外循环变量 i 控制的是列号,内循环变量 j 控制的是行号,所以二维数组的元素应表示为 a[j][i]。

（3）if（（i+1）%M==0）,此处变量 i 的值是从 0 开始的,所以应该使用（i+1）%M,否则将导致第一行只有一个数。

五、读程序写结果

1. a[1]=1　a[3]=3　a[5]=5　a[7]=7　a[9]=9
解析：此程序的功能是输出下标为奇数的元素值,i%2!=0 表示 i 是奇数。

2.

1	3	5	7	9
11	13	15	17	19

解析：此程序的功能是计算数组 a 与数组 b 中对应元素之和并保存到数组 c 中,然后按照每行 5 个数的格式输出数组 c 的各元素值。

3. s=50, count=6
解析：此程序的功能是将数组 a 中的所有正数累加到变量 s 中,并统计出正数的个数存入变量 count 中。

4. s=34
解析：此程序的功能是计算二维数组中主对角线及以下部分（列下标小于等于行下标）的元素之和并输出。

5.

30	0	10
31	0	11
32	0	12

解析：此程序中循环 1 的功能是给数组 b 的部分元素赋值。具体说就是当 i 取 0 时,b[0][2]=a[0][0]=10,b[0][0]=a[2][0]=30;当 i 取 1 时,b[1][2]=a[0][1]=11,b[1][0]=a[2][1]=31;当 i 取 2 时,b[2][2]=a[0][2]=12,b[2][0]=a[2][2]=32;其余的所有元素仍然取值为 0。循环 2 的功能是按行优先顺序输出数组 b 中各个元素的值。

6.

```
1  4  7
2  5  8
3  6  9
```

解析：此程序中循环 1 的功能是给数组 b 的全部元素赋值。依次将数组 a 中第 i 行第 j 列元素的值赋给数组 b 中第 j 行第 i 列的元素，使得数组 a 的第 0 行成为数组 b 的第 0 列，数组 a 的第 1 行成为数组 b 的第 1 列，以此类推，从而实现矩阵的转置。循环 2 的功能是按行优先顺序输出数组 b 的各个元素值。

六、补足程序

1.（1）a[i]　　　（2）i++　　　（3）b[j]　　　（4）j++

解析：此程序的功能是合并两个已经排好序的数组。对数组 a 和数组 b 各设置一个下标变量 i、j。在 while 循环中，如果 a[i]<=b[j]，就将 a[i] 的值保存到数组 c 中，即 c[k]=a[i]；否则，把 b[j] 的值保存到数组 c 中，即 c[k]=b[j]。如此保证数组 c 中的数据仍然是有序的。

2.（1）&x　　　（2）2　　　（3）k　　　（4）2

解析：此程序中将一个十进制整数转换为二进制整数，采用的是"除 2 取余法"，即将十进制数 x 不断地被 2 除，直到商为 0。

程序中第一个 do-while 循环的作用是将十进制数 x 不断地被 2 整除，将余数存储到数组 b 中，循环中第 1 句 r=x%2;的作用是将 x 对 2 求余数保存到变量 r 中，第 2 句 b[k]=r;的作用是将刚刚计算出来的余数保存到数组 b 中，第 3 句 k++;的作用是让数组 b 的下标变量增加 1，准备存储下一个余数，第 4 句 x/=2;的作用是将十进制数 x 整除 2 的商重新赋给变量 x，直到商（x 的值）为 0（while（x!=0）时继续循环）。

程序中第二个循环的作用是输出十进制数 x 对应的二进制数。for（i=k-1; i>=0; i--）控制先输出高位（b[k-1]，最后求出的二进制数），最后输出最低位（b[0]）。正好符合十进制数转换为二进制数方法中的最后倒排的要求。

3.（1）break　　　（2）a[i]>max　　　（3）a[i]<min

解析：此程序使用"打擂台"的方法来查找最大数和最小数。首先以第一个数（下标为 0 的元素）作为开始的最大数（最小数）；然后依次将后面的数跟它比较，若发现后面的数比它更大（更小），则将这个数作为新的最大数（最小数）。具体解析如下：

（1）程序设定的是输入负数时结束数据输入，所以当 a[i]<0 时，使用 break 语句结束循环。

（2）此处是将第 i 个数与 max 的值进行比较，如果 a[i]>max，则将 a[i] 的值赋给 max。

（3）此处是将第 i 个数与 min 的值进行比较，如果 a[i]<min，则将 a[i] 的值赋给 min。

4.（1）i<4　　　（2）j<3　　　（3）k==3　　　（4）（float）sum/count

解析：此程序按照行优先顺序对每一个元素进行判断。如果符合条件，则输出该元素的值并统计个数，最后输出它们的平均值。具体解析如下：

（1）外循环是对行号的控制，显然 i<4。

（2）内循环是对列号的控制，显然 j<3。

（3）此处是对"行号、列号之和为 3"的条件表示，所以填写 k==3。

（4）此处是计算平均值，使用表达式（float）sum/count。因为 sum、count 定义为 int 型，考虑到平均值很可能是实数，所以使用强制类型转换。

第 6 章　数组

七、编程题

1.

编程思路：

第一，使用循环语句输入 10 个整数，保存到相应的数组元素中。

第二，根据元素的下标，逐个判断是属于偶数组的还是奇数组的并分别累加求和。

第三，输出两个变量值即可。

源程序：

```c
#include <stdio.h>
#define N 10
int main(void)
{int a[N],i,s1=0,s2=0;
 printf("请输入%d个整数(用空格分隔)：\n",N);
 for(i=0;i<N;i++)
    {scanf("%d",&a[i]);
     if(i%2==0)
       s1+=a[i];   //偶数下标元素之和
     else
       s2+=a[i];       //奇数下标元素之和
    }
 printf("输入的%d个数如下：\n",N);
 for(i=0;i<N;i++)
     printf("%d  ",a[i]);
 printf("\n");
 printf("偶数下标元素之和 s1=%d\n",s1);
 printf("奇数下标元素之和 s2=%d\n",s2);
 return 0;
}
```

2.

编程思路：

第一，由于该程序中事先不知道具体输入多少个数据，故考虑使用永真循环，当输入的数据是-99999 时跳出循环。

第二，逐个元素判断是大于 0、小于 0 还是等于 0，并分别计数。

第三，输出结果。

源程序：

```c
#include <stdio.h>
#define N 100
int main(void)
{int a[N];  //假设不超过100个数
 int i=0,n=0,n1=0,n2=0,n3=0;
 //n1,n2,n3分别用来表示正数、负数、零的个数
 //n用来统计总的数据个数
 printf("请输入一组整数(输入-99999结束)：\n");
 while(1)   //事先不知输入几个数，所以使用永真循环
 {scanf("%d",&a[n]);
```

```
        if(a[n]==-99999)  break;   //输入-99999时结束输入
        n++;                        //数据总个数加1
      }
      for(i=0;i<n;i++)              //统计正数、负数、零的个数
        if(a[i]>0)  n1++;
        else if(a[i]<0)
          n2++;
        else
          n3++;
      printf("正数个数 n1=%d\n",n1);
      printf("负数个数 n2=%d\n",n2);
      printf("零的个数 n3=%d\n",n3);
      return  0;
    }
```

3.

编程思路:

第一，定义一个 5 行 5 列的二维数组，每一列依次存放三门课程成绩、总分、平均分。使用双重循环依次输入每名学生的三门课程成绩。

第二，在输入数据的同时，计算出每名学生的总分及平均分。

第三，使用选择法按照总成绩的降序进行排序。

第四，依次输出每名学生的 5 项信息。

源程序:

```
#include <stdio.h>
#define N  5
int main(void)
{float cj[N][5];   //第 0 列存储第一门课的成绩，第 4 列存储平均成绩
 int i,j;
 float t;
 printf("请输入%d 名学生三门课程的成绩:\n",N);
 for(i=0;i<N;i++)
   {printf("请输入第%d 名学生三门课程的成绩(用空格分隔):\n",i+1);
    scanf("%f%f%f",&cj[i][0],&cj[i][1],&cj[i][2]);
    cj[i][3]=cj[i][0]+cj[i][1]+cj[i][2];//计算该生总成绩
    cj[i][4]=cj[i][3]/3;                //计算该生平均成绩
   }
 //下面使用选择法按总分的降序排序
 for(i=0;i<N-1;i++)
 for(j=i+1;j<N;j++)
   if(cj[i][3]<cj[j][3])                        //数组的第 3 列存储总成绩
   {t=cj[i][0];cj[i][0]=cj[j][0];cj[j][0]=t;   //所有的列都要互换
    t=cj[i][1];cj[i][1]=cj[j][1];cj[j][1]=t;
    t=cj[i][2];cj[i][2]=cj[j][2];cj[j][2]=t;
    t=cj[i][3];cj[i][3]=cj[j][3];cj[j][3]=t;
    t=cj[i][4];cj[i][4]=cj[j][4];cj[j][4]=t;
   }
 //输出结果
```

```
      printf("名次\t 成绩 1\t 成绩 2\t 成绩 3\t 总分\t 平均分\n");
      for(i=0;i<N;i++)
        {printf("%3d\t%.2f\t%.2f\t%.2f",i+1,cj[i][0],cj[i][1],cj[i][2]);
         printf("\t%.2f\t%.2f\n",cj[i][3],cj[i][4]);
         }
      return  0;
    }
```

4.

编程思路：

第一，建立并初始化一个一维数组，用来存放已知的 10 个数，输入欲删除的数 n。

第二，使用循环，从第一个元素开始，判断是否是要删除的数 n。如果某一个元素的值与 n 相等，则提前结束循环（此时循环控制变量的值肯定小于数据总个数）；否则一直循环到最后一个元素（此时循环控制变量的值等于数据总个数）。

第三，如要查不到则使用循环从欲删除的元素开始，把后面元素的值依次前移一个位置从而覆盖前一个元素的值，并输出剩下的 9 个数据；否则，给出"查无此数！"的提示信息。

源程序：

```
#include <stdio.h>
#define N 10
int main(void)
{int a[N]={3,7,11,15,19,21,25,37,75,99};
 int i,j,n;//i,j 为循环控制变量，n 为要删除的数
 printf("请输入要删除的数 n:\n");
 scanf("%d",&n);
 //在数组中顺序查找
 for(i=0;i<N;i++)
   if(a[i]==n)            //找到了要删除的数
      break;              //此时 i 的值肯定<N
 if(i==N)                 //表示没有找到要删除的数
   printf("查无此数！");
 else                     //删除此数
   {for(j=i;j<N-1;j++)    //将第 i 个以后的数依次前移一个元素位
    a[j]=a[j+1];
    //输出剩下的 9 个元素值
    printf("剩下的 9 个元素值如下：\n");
    for(i=0;i<N-1;i++)
       printf("%d  ",a[i]);
   }
printf("\n");
return  0;
}
```

5.

编程思路：

第一，建立并初始化一个一维数组用来存放已知的 9 个数，然后输入欲插入的数 num。

第二，使用循环，从第一个元素开始，判断是否比欲插入的数 num 大。如果某一个元

素 a[i]的值比 num 大，则循环提前结束（此时循环控制变量的值肯定小于数据总个数）；否则，一直循环到最后一个元素（此时循环控制变量的值等于数据总个数）。

如果所有元素 a[i]的值都小于 num，则 num 存入数组 a 的最后一个元素中，否则使用循环，从最后一个数开始，把元素值依次后移一个位置，然后将 num 插入第 i 个位置。

第三，输出插入 num 后的 10 个数据。

源程序：

```c
#include "stdio.h"
#define N 10
int main(void)
{int a[N]={2,6,10,12,16,18,22,28,88};
 int i,j,num;                    //i,j为循环控制变量，num为欲插入的数
 printf("原始数据如下:\n");
 for(i=0;i<N-1;i++)
   printf("%d  ",a[i]);
 printf("\n请输入欲插入的数据:");
 scanf("%d",&num);
 //下面为欲插入的数进行定位
 for(i=0;i<N-1;i++)
   {if(num<a[i])             //表明找到位置
     break;                  //终止循环
    }
 if(i==N-1)                  //表明 num 大于所有的数，所以放到最后即可
 a[N-1]=num;
 else                        //需要将从第 i 个元素开始的所有元素值依次后移一个元素位置
  {for(j=N-2;j>=i;j--)
    a[j+1]=a[j];
   a[i]=num;                 //将 num 插入到第 i 个位置
  }
 printf("插入后的数据如下: \n");
 for(i=0;i<N;i++)
   printf("%d  ",a[i]);
 printf("\n");
 return  0;
}
```

第四单元　实　验　指　导

实验一

一、实验目的

1. 掌握一维、二维数组的定义和初始化。
2. 掌握一维、二维数组的基本操作，如数组元素的输入、输出、引用等。

二、实验要求

1. 仔细阅读下列实验内容，并编写相应的 C 语言源程序。

第
6
章

数

组

81

2. 在 C 语言运行环境下，编辑录入源程序。

3. 调试运行源程序，注意观察调试运行过程中发现的错误及改正方法。

4. 掌握根据出错信息查找语法错误的方法。

5. 最后提交带有充分注释的源程序文件（扩展名为 c）。要求该文件必须能够正确地编译及运行，并不得与他人作品雷同。

三、实验内容

1. 理解下列程序并判断是否正确，若存在错误请调试并改正。

（1）

```c
#include <stdio.h>
int main(void)
{int a[2+3]=0,b['E'-'A']=0;
 int i;
 a[2]=4;
 b[3]=6;
 for(i=0;i<5;i++)
    printf("a[%d]=%d,b[%d]=%d\n",i,a[i],i,b[i]);
 return 0;
}
```

通过这个程序，你有什么发现吗？

（2）

```c
#include <stdio.h>
#define M 3
#define N 2
int main(void)
{int x=3,i,j;
 int a[M+2][N+x];
 for(i=0;i<M+2;i++)
   for(j=0;j<N+x;j++)
     if(i==j) a[i][j]=1;
     else a[i][j]=0;
 for(i=0;i<M+2;i++)
   {for(j=0;j<N+x;j++)
     printf("%3d",a[i][j]);
    printf("\n");
   }
 return 0;
}
```

通过这个程序，你有什么发现吗？

2. 调试运行以下程序，观察并分析输出结果。

```c
#include <stdio.h>
int main(void)
{int i=1;
 int b[5]={3};
 while(i<5&&i%2!=0)
```

```
    {b[i]=b[i-1]*2;
     i++;
     }
 for(i=0;i<5;i++)
    printf("%3d",b[i]);
 return 0;
}
```

3. 调试运行以下程序，观察并分析输出结果。

```
#include <stdio.h>
int main(void)
{int i,j,row,column,m;
 int array[3][3]={{1,2,3},{4,5,6},{-1,-2,9}};
    m=array[0][0];
    for (i=0;i<3;i++)
      for (j=0;j<3;j++)
        if (array[i][j]<m)
          {m=array[i][j]; row=i; column=j;}
    printf("%d,%d,%d\n",m,row,column);
 return 0;
}
```

4. 编程实现：从键盘输入 10 个整数存放在数组中，输出能被 3 整除的数及其下标；若不存在，则输出 "Not Exist!"。

实验二

一、实验目的

1. 掌握用数组解决常见问题（最大值、最小值、求和、逆序等）。
2. 掌握与数组有关的算法（查找、排序等）。

二、实验要求

1. 仔细阅读下列实验内容，并编写相应的 C 语言源程序。
2. 在 C 语言运行环境下，编辑录入源程序。
3. 调试运行源程序，注意观察调试运行过程中发现的错误及改正方法。
4. 掌握根据出错信息查找语法错误的方法。
5. 最后提交带有充分注释的源程序文件（扩展名为 c）。要求该文件必须能够正确地编译及运行，并不得与他人作品雷同。

三、实验内容

1. 调试运行以下程序，观察并分析输出结果。

```
#include <stdio.h>
int main(void)
{int a[10]={1,3,5,7,9,2,4,6,8,10},i,j,t;
 for(i=0;i<9;i++)
    for(j=0;j<9-i;j++)
```

```
         if(a[j]>a[j+1])
            {t=a[j];a[j]=a[j+1];a[j+1]=t;}
   for(i=0;i<10;i++)
      printf("%5d",a[i]);
  printf("\n");
  return 0;
}
```

2. 调试运行以下程序，观察并分析输出结果。

```
#include <stdio.h>
int main(void)
{int i,j,t,a[3][3]={{1,2,3},{4,5,6},{7,8,9}};
 for(i=0;i<3;i++)
   for(j=0;j<i;j++)
      {t=a[i][j];
       a[i][j]=a[j][i];
       a[j][i]=t;
      }
 for(i=0;i<3;i++)
   {for(j=0;j<3;j++)
      printf("%5d",a[i][j]);
    printf("\n");
   }
 return 0;
}
```

3. 数列 $\{a_n\}(n \in N)$ 的递推公式为

$$\begin{cases} a_1 = 1 \\ a_{n+1} = 2a_n + 1, \quad n \geqslant 2 \end{cases}$$

编程实现：求出数列 a_n 的前 20 项，并以每行 5 个数的形式输出。

4. 编程实现：从键盘输入 20 个整数，存入一个 5 行 4 列的二维数组 a 中；然后找出数组 a 各行的最大值并依次存入一维数组 b 中；最后按如下形式输出数组 a 每一行的元素值及每一行的最大值。

```
1  2   3   10  max:10
4  5   6   -4  max:6
7  8   9   -5  max:9
4  8   6   3   max:8
7  11  45  20  max:45
```

第7章 指 针

第一单元 重点与难点解析

1. C语言中"指针"和"指针变量"有区别吗?

一般来说,内存的地址称为指针,一个变量在内存的首地址称为该变量的指针,通过指针能找到以该指针为地址的内存单元。而指针变量是用来存放内存地址的变量,也可以说指针变量是用来存放指针的变量。

2. 指针变量有哪些特点?

指针是C语言中广泛使用的一种数据类型,使用指针变量可以表示各种数据结构;可以很方便地引用数组、字符串等,函数也可以有指针,利用指针可以方便地调用函数。所以,利用指针可以编写出精炼且高效的程序,能否正确理解和使用指针编写程序,也是衡量是否真正掌握C语言的一个重要标志。

3. 在定义指针变量时,为什么要有类型?

在同一种编译器环境下,一个指针变量所占用的内存空间是固定的,并不会随所指向变量的类型而改变。

虽然所有的指针占用的字节相同,但不同类型的数据却占用不同的字节数。例如,一个int型数据占用4个字节,一个char型数据占用1个字节,而一个double型数据占用8个字节;指针变量既可以对地址操作,又可以对该地址单元中存放的数据进行操作,因此需要知道它所指向的数据类型,以告诉它要访问多少个字节的存储空间。

4. 在使用指针变量时,用户需要知道地址的具体值吗?

在C语言中,变量的地址是由系统负责管理和分配的,用户并不需要知道变量地址的具体值,C语言也不允许由用户直接对变量的地址进行指定。例如,若有定义 int a[10], *p=a;,则指针变量p存放的就是数组a的首地址,用户不需要知道该地址的具体值,就可以很方便地通过指针变量p对数组a进行各种操作。

5. 指针都可以进行哪些运算,两个指针能不能相加?

C语言中,指针的操作很丰富,具体到指针的运算,归纳起来有以下几个方面:

(1)赋值运算。

(2)指针与整数的加法运算。

(3)指针与整数的减法运算。

(4)两个指针减法运算。

但是要注意,由于指针就是内存地址,内存地址就是内存的编号,所以两个指针的加法运算是没有任何意义的。

6. 假设p是一个指针变量,p++与*p++有区别吗?

正确理解和使用指针是学习C语言的关键。对于指针变量操作,一定要清楚,本次操作是对地址操作还是对该地址单元中存放的数据操作。如果p是一个指针变量,则p++是对指针操作,即指针加1;而在*p++中,由于后自增运算符的优先级较高,所以相当于*(p++),

即间接引用 p 所指向的变量，并将 p 的值加 1。

7. 假设有定义 int a[10]，能否进行 a++运算？

C 语言规定：数组名 a 是常量，不是变量，其值就是整个数组在内存中的首地址，即该数组 0 号元素 a[0]的首地址，因此，如果进行 a++运算，系统编译时会出现编译错误：error C2105: '++' needs l-value，即操作符需要左值。

8. 若有定义 int a[8]，*p=a;，则利用指针变量 p 对数组 a 中某个元素的引用都有哪些主要形式？

主要有以下三种：

（1）通过循环结合 p++来遍历数组 a 的各个元素。

例如：

for（p=a;p<a+8;p++）   printf（"%d ", *p）;

（2）通过 p[i]的形式取代 a[i]。

例如：

for（i=0;i<8;i++）   printf（"%d ", p[i]）;

（3）通过*（p+i）的形式访问数组。

例如：

for（i=0;i<8;i++）   printf（"%d ", *（p+i））;

当然也可以通过*（a+i）的形式访问 a[i]。

9. 行指针与指针数组有哪些区别？

行指针，顾名思义就是指向一行的指针。其中，应用最多的就是二维数组，因为二维数组是分行分列的，通常把二维数组每一行的首地址称为行指针。通过如下形式定义：

int（*p）[10];

表示指针变量 p 是行指针变量，该行指针变量每行有 10 个元素。而指针数组是指该数组每个元素都是用来存放一个指针的数组。

定义格式如下：

int *p[10];

表示 p 是一个指针类型的数组，p 数组中共 10 个元素，每个元素都可以存放一个指针。

10. 假设有定义 int a[3][3]，*p=a;，该定义是否正确？

该定义不正确，它会出现编译错误，错误代码为 error C2440，表示赋值时类型转换错误。

因为上述定义中 a 是二维数组，所以数组名 a 既是整个数组的首地址，也指向第一行的首地址，换言之，此时数组名 a 是一个行指针，而 p 是普通指针变量。

正确定义形式为

int a[3][3]，（*p）[3]=a;

11. 设 a 为一维数组，则*（a+1）表示哪个元素？若 a 为二维数组，则*（a+1）表示什么？

如果 a 为一维数组，则*（a+1）就是 a[1]；如果 a 为二维数组，则*（a+1）是元素指针，表示数组元素 a[1][0]的指针，**（a+1）才是 a[1][0]。

12. 怎么理解指向指针的指针？最多可以定义几级指针？

若有定义 int x, *p=&x;，则定义了两个变量，一个是普通变量 x，另一个是指针变量 p。在执行了 p=&x 后，指针变量 p 的值就是 x 在内存的首地址。此时，称指针变量 p 为一级指针。

实际上，一级指针 p 的值也存放在内存中，该内存的首地址称为 p 的指针，C 语言规定，可以再定义一个指针变量来存放一级指针 p 的指针，这个指针就是指向指针的指针。指向一级指针的指针称二级指针，以此类推，指向二级指针的指针称三级指针……。从理论上来讲，可以定义无限多级指针，但是，在实际编写程序时，超过二级指针的程序很难理解，所以很少用到超过二级的多级指针。另外，每定义一个指针变量都需要分配内存空间，因此随着多级指针的定义，变量的个数也会增多，从而占存储空间会越来越多。

第二单元 习 题

一、判断题

1. 在定义了 int a, *p=&a;之后，a++与 p++是等价的。（ ）

2. 在定义了 int a[10], *p=a;之后，a++与 p++是等价的。（ ）

3. 在定义了 int a[3][3], *p;之后，p=a 是错误引用。（ ）

4. 若有定义：int a[5][5], *p=&a[1][1];，则执行 p++之后，p 将指向 a[1][2]。（ ）

5. 若有定义：int a[5][5];，则 a+1 与 a[1]等价。（ ）

6. 若有定义：int x, *p=&x, **q;，则执行 q=&p;后，*q 就是 x。（ ）

二、选择题

1. 指针变量中可以存放的是（ ）。

A. 某变量的名字　　　　B. 某变量的值　　C. 某变量的地址范围　D. 某变量的首地址

2. 若有定义 int x, *p;，则以下不正确的语句是（ ）。

A. x=*p;　　　　　　　B. p=&x;　　　　　　C. p=*x;　　　　　　　D. *p=x;

3. 以下关于"*"的描述中，错误的是（ ）。

A. 是一个算术运算符　　　　　　　　B. 可以在定义指针变量时使用

C. 是一个间接引用运算符　　　　　　D. 可以用**表示乘幂运算

4. 若有定义：int *x, *y;，则下列表达式中正确的是（ ）。

A. x+y　　　　　　　　B. x>y　　　　　　　C. x*y　　　　　　　　D. x/y

5. 若有定义：int a[5], *p=a;，则以下可以代表 a[1]的是（ ）。

A. p[1]　　　　　　　　B. *p+1　　　　　　C. a　　　　　　　　　D. *a+1

6. 若有定义：int a[10]={1, 2, 3, 4}, *p=a;，则以下描述正确的是（ ）。

A. p 的值为 1　　　　B. *p 的值为 1　　C. *（p+5）的值不确定　　D. *p+5 的值不确定

7. 若有定义：int（*p）[10];，则标识符 p 的含义是（ ）。

A. p 为普通元素指针　　　　　　　　B. p 为函数指针

C. p 为有 10 个元素的指针数组　　　　D. p 为行指针变量

三、填空题

1. 若有定义：int *p; float *q;，则 p 为指向_____的指针，q 只能存储_____型变量的指针。

2. 若有定义：int x=1, y=2, *p=&x, *q=&y;，则 p 存放的是_____，*q 的值是

_____。

    3. 若有定义：int a[10], *p=a;，则_____、_____、_____都可以表示数组元素 a[i]的值。

    4. 若有定义：int a[6]={4, 3, 2, 1}，*p=a;，则 a[1]=_____，*p+1=_____，*（p+1）=_____，p[1]=_____。

    5. 若有定义：int a[3][3]={10, 20, 30, 40, 50, 60, 70, 80, 90}, *p，（*q）[3];。执行 p=&a[0][0];q=a;后，*（p+1）的值为_____，**（q+1）的值为_____，p 存放的是_____的首地址，q 存放的是_____的首地址，指针变量 p 和 q 的区别是：p 是_____，q_____。

四、读程序写结果

    1.

```
#include <stdio.h>
int main(void)
{int a[5],*p,i;
 for (i=0;i<=4;i++)
   *(a+i)=i+1;
 for (p=a+i-1;p>=a;p--)
   printf("%d",*p);
 return 0;
}
```

    2.

```
#include <stdio.h>
int main(void)
{int a[5],*p,i;
 p=a;
 for (i=0;i<=4;i++)
   a[i]=2*i+1;
 for (i=0;i<=4;i++)
  printf("%d",p[4-i]);
 return 0;
}
```

    3.

```
#include <stdio.h>
int main(void)
{int a[5],*p,i;
 p=a;
 for (i=0;i<=4;i++)
   *(p+i)=2*i;
 for (i=0;i<=4;i++)
   printf("%d",*(p++));
 return 0;
}
```

4.
```c
#include <stdio.h>
int main(void)
{int a[7]={1,2,3,4,3,2,1},*p1,*p2,i;
 p1=a;
 p2=a+6;
 for (i=0;p1!=p2;i++)
   if (*p1++==*p2--)
      printf("%d",a[i]);
 return 0;
}
```

5.
```c
#include <stdio.h>
int main(void)
{int a[3][3],*p,i,j;
 for (i=0;i<=2;i++)
 for (j=0;j<=i;j++)
   {
    a[i][j]=i+j+1;
    a[j][i]=a[i][j];
   }
i=0;
for (p=&a[0][0];p<=&a[2][2];p++)
  {
   printf("%d",*p);
   i++;
   if (i%3==0)
      printf("\n");
  }
return 0;
}
```

6.
```c
#include <stdio.h>
int main(void)
{int a[3][3],(*p)[3],i,j;
 for (i=0;i<=2;i++)
 for (j=0;j<=2;j++)
   a[i][j]=2*i-j;
 for (p=&a[0];p<=&a[2];p++)
   printf("%d",**p);
 return 0;
}
```

7.
```c
#include <stdio.h>
int main(void)
 {int a[3][3],(*p)[3],i,j;
```

```
   for (i=0;i<=2;i++)
    for (j=0;j<=2;j++)
     *(*(a+i)+j)=i+j;
    for (p=a;p<=a+2;p++)
     printf("%d",**p);
    return 0;
   }
```

8.

```
#include <stdio.h>
int main(void)
{int a[3][3]={1,2,3,4,5,6,7,8,9},*p,(*q)[3],i,j,s,t,v;
 s=0;
 t=0;
 p=&a[0][0];
 for (i=0;i<=2;i++)
  for (j=0;j<=2;j++)
   {if (i==j) s=s+*p;
    else
      t=t+*p;
    p++;
   }
  printf("s=%d\nt=%d",s,t);
 q=a;
 v=0;
 for (i=0;i<=2;i++)
   {v=v+**q;
    q++;
   }
 printf("\nv=%d",v);
 return 0;
}
```

五、改错题

1. 程序功能：输入四个正整数，求其中的最大值和最小值。
（不要添加或删除任何语句行，直接改正其中有错的语句）

```
#include <stdio.h>
int main(void)
{int a,b,c,d,*pa,*pb,*pc,*pd,max,min;
 pa=a;
 pb=b;
 pc=c;
 pd=d;
 scanf("%d%d%d%d",&pa,&pb,&pc,&pd);
 max=min=pa;
 if (max<*pb)
    max=*pb;
```

```
if (min>*pb)
   min=*pb;
if (max<*pc)
   max=*pc;
if (min>*pc)
   min=*pc;
if (max<*pd)
   max=*pd;
if (min>*pd)
   min=*pd;
printf("max=%d  min=%d\n",*max,*min);
return (0);
}
```

2. 程序功能：输入一个不超过 4 位的正整数，判断该数是否是回文数。

```
#include <stdio.h>
#define N 6
int main(void)
{int a[N],b[N],i,x,*pa,*pb,num,flag,y;
 i=0;
 printf("\n input x=");
 scanf("%d",&x);  /*输入任意整数 x*/
 /*将 x 分解，存放到数组 a 中*/
 i=0;
 pa=a;
 while (y!=0)
   {*pa=y%10;
    y=y/10;
    pa++;
    i++;
    }
 num=i;  /*记录位数*/
 /*将数组 a 反序赋给数组 b*/
 pb=b;
 while (i>=0)
   {*pb=*pa;
    pa--;
    pb++;
    i--;
    }
 /*判断是否是回文数*/
 pa=a;
 pb=b;
 flag=1;
 printf("\n num=%d",num);
 while (num>0)
   {if (*pb!=*pa)
       flag=0;
```

```
        else
            flag=1;
        pa++;
        pb++;
        num--;
    }
if (flag == 1)
    printf("\n %d 是回文数",y);
else
printf("\n %d 不是回文数",y);
}
```

六、补足程序

1. 输入三个数，采用间接引用方式求最大值。

```
#include <stdio.h>
int main(void)
{float x,y,z,*px,*py,*pz,max;
 px=&x;
_____(1)_____;  //填写适当语句
pz=&z;
scanf("%f%f%f",px,py,pz);
_____(2)_____;  //填写适当语句
if (max<*py)
    max=*py;
if (max<*pz)
    max=*pz;
printf("\nmax=%f",max);
return (0);
}
```

例如，输入：

```
20 31 25
```

则输出：

```
max=31.000000
```

2. 输入三个整数，采用间接引用方式求最大值和最小值的差值。

```
#include <stdio.h>
int main(void)
{int a,b,c,*pa,*pb,*pc,temp,x;
 pa=&a;
 pb=&b;
 pc=&c;
_____(1)_____;//填写适当语句
if (*pa<*pb)
  {temp=*pa;
   *pa=*pb;
   *pb=temp;
  }
```

```
if (*pa<*pc)
  {temp=*pa;
      (2)      ;//填写适当语句
   *pc=temp;
  }
if (*pb<*pc)
  {      (3)      ;//填写适当语句
    *pb=*pc;
    *pc=temp;
  }
x=*pa-*pc;
printf("x=%d\n",x);
return (0);
}
```

3. 判断 N（N<=6）阶方阵是否是单位阵（单位阵是指主对角线元素为 1，其他元素均为 0 的方阵）。要求通过指针变量引用二维数组的元素。

```
#include <stdio.h>
#define N 6
int main(void)
{int a[N][N],i,j,*p,f;
  p=&a[0][0];
  for (i=0;i<N;i++)
      for (j=0;j<N;j++)
      {scanf("%d",p++);}
  f=1;
    (1)                           //填写适当语句
  for (i=0;i<N;i++)
        for (j=0;j<N;j++)
        {
            (2)                 //填写适当语句
         if (*p!=0 && i!=j)
              f=0;
            (3)                 //填写适当语句
        }
  if (f==1)
     printf("是单位阵\n");
  else
     printf("不是单位阵\n");
  return (0);
}
```

4. 一个有趣的古典数学问题。著名意大利数学家斐波那契曾提出一个问题：有一对兔子，从出生后第 3 个月起每月都生一对小兔子。小兔子长到第 3 个月后每月又生一对兔子。按此规律，并假定所有的兔子都不会死亡。输入一个月份 n（n<=40），求出到这个月为止的每月各有多少对兔子。

```
#include<stdio.h>
#define M 40
```

```
int main(void)
{
int i;
long a[M]={1,1},*p,x1,x2,n;
scanf("%d",&n);
p=a+2;
for(i=2;i<n;i++)
    {
    x1=*(p-1);
      (1)_____//填写适当语句
    *p=x1+x2;
      (2)_____//填写适当语句
    }
i=0;
             (3)_____//填写适当语句
{printf("%d 月兔子总数: %d\n",i,*p);
i++;
}
return (0);
}
```

七、编程题

注意：以下程序均要求利用间接引用方式完成。

1. 编写一个程序，从键盘输入 100 个正整数，求其中所有偶数之和，以及所有奇数的最大值（如果没有奇数，则输出–1）。

2. 输入一个 N（N<=6）阶方阵，判断该方阵是否对称，如果是对称矩阵，则输出"yes"，否则输出"no"。

3. 输入一个 N（N<=6）阶方阵，输出其转置矩阵。

4. 设某汽车里程表目前读数为 n，经过若干小时后，里程表的读数正好是 n 的反序数（例如，若 n 为 12345，则 n 的反序数为 54321）。问该汽车经历的里程为多少？

5. 编写程序从键盘输入 30 名学生的学号（设学号为 4 位正整数）和某门课程的成绩，然后按成绩降序排序，最后输出排序之后的结果。

第三单元　习题参考答案及解析

一、判断题

1. 错误。

解析：此处 p 是指针变量，a 为普通变量。当 p 指向变量 a 之后，*p 等价于 a，因此 a++ 与 *p++ 等价。

2. 错误。

解析：数组名 a 是指针常量，不能进行 ++ 运算。而对于指针变量 p=a;，相当于 p=&a[0]，故执行 p++ 之后，p=&a[1]。

3. 正确。

解析：二维数组的数组名 a 是行指针，不是元素指针；而此处所定义的指针变量 p 是元素指针。二者是不同类型的指针，故不能直接赋值。

4. 正确。

解析：数组各元素在内存中是连续存放的，此处 p 和&a[1][1]都是元素指针，所以执行 p++之后，p 将指向 a[1][2]。

5. 错误。

解析：二维数组的数组名 a 是行指针，从而 a+1 是指向第 1 行的行指针；a[1]是第 1 行的数组名，从而是指向元素 a[1][0]的指针。

6. 错误。

解析：根据定义，q 是指向指针的指针，因此*q 相当于 p，而**q 才是 x。

二、选择题

1. D

解析：指针变量是存放地址的，如果存放某变量的地址，则存放的是该变量的首地址。

2. C

解析：*是间接引用运算符，其后的操作数只能是指针。

3. D

解析：C 语言中没有乘幂运算符。

4. B

解析：两个指针量可以进行减法或比较运算，但不能进行加、乘、除运算。

5. A

解析：在定义 int a[5], *p=a;后，p[i]等同于*（p+i），从而等同于 a[i]，因此 p[1]就是 a[1]。

6. B

解析：在定义*p=a;后，p=&a[0]。因此，*p 等同于 a[0]，即*p=1，从而*p+5 的值为 6。由于*（p+5）等同于 a[5]，故其值为 0。p 的值是一个变量地址，故一般不可能为 1。

7. D

解析：int（*p）[10];表示定义一个每行有 10 个元素的行指针变量。int *p[10];则是定义一个有 10 个元素的指针数组。

三、填空题

1.int   float

解析：指针变量是用来存放另一个变量在内存中的首地址的变量，在定义 int *p; 后，指针变量 p 只能存放 int 型变量的首地址，所以称为指向 int 型的指针变量；同理，p 只能存储 float 型变量的地址。

2. x 的首地址   2

解析：根据定义，如果 p=&x，则称为 p 指向了 x，此后 p 存放 x 的首地址，*p 就是 x；同理*q 的值就是 y。

3. *（a+i）   *（p+i）   p[i]（先后顺序可以不同）

解析：指针变量可以进行相应的算数运算，即若有定义 int *q;，则指针变量可以加（减）

一个整型数，例如执行 q=q+1; 后，q 将指向下一个同类型数据的首地址；因此当定义 int a[10], *p=a; 时，a+i、p+i 都是数组元素 a[i]在内存的首地址，同时 p[i]=a[i]。故有 a[i]=p[i]= *（a+i）=*（p+i）。

4.3 5 3 3

解析：当有定义 int a[6]={4, 3, 2, 1}时，数组 a[0]=4，a[1]=3，以此类推。当执行了 p=a; 时，p 指向 a[0]，因此*p+1=a[0]+1=5，而 p+1 将指向 a[1]，*（p+1）=3。由于 p[i]=a[i]，故 p[1]=a[1]=3。

5.20 40 a[0][0] a[0] 元素指针 是行指针

解析：根据定义 int a[3][3]={10, 20, 30, 40, 50, 60, 70, 80, 90}, *p, (*q)[3];，p 是元素指针，q 为行指针。因此，p 存放的是 a[0][0]在内存的首地址，而 q 存放的是数组 a 第一行在内存的首地址，即 q=a[1]。因此，*（p+1）=a[0][1]=20，而行指针 q+1 将指向数组 a 第二行的首地址，**（q+1）=a[1][0]=40。

四、读程序写结果

1. 运行结果：

```
54321
```

解析：由于*（a+i）等价于 a[i]，所以第一个循环是给每个数组元素赋值。在第一个循环结束时，i 的值是 5，第二个循环中 p 的初值是 a+4，即指向 a[4]。第二个循环的功能是逆序输出数组 a 所有元素的值。

2. 运行结果：

```
97531
```

解析：第一个循环为数组 a 各个元素赋值，规律 a[i]=2*i+1;，因此数组元素 a[0]～a[4]的值依次为 1, 3, 5, 7, 9。由于执行 p=a;后，p[i]等价于 a[i]，第二个循环就是将其反序输出。

3. 运行结果：

```
02468
```

解析：执行 p=a;后，*（p+i）等价于 a[i]，因此第一个循环是给数组 a 各个元素赋值。p 的值一直没有变化，因此*p 等价于 a[0]，p++后会依次指向数组 a 的下一个元素。第二个循环的功能是顺序输出数组 a 所有元素的值。

4. 运行结果：

```
123
```

解析：执行 p_1=a;后，*p_1 就是 a[0]，而执行 p_2=a+6;后，*p_2 就是 a[6]，因此该程序就是将数组 a 的第一个元素和倒数第一个元素进行比较，即 a[0]和 a[6]进行比较，如果相同就输出；然后将数组 a 的第二个元素和倒数第二个元素进行比较，以此类推。

5. 运行结果：

```
123
234
345
```

解析：该程序第一个双层循环为一个 3×3 数组 a 各个元素赋值，注意，a[j][i]=a[i][j];，因此数组 a 的 9 个值如果看作一个矩阵，这是一个对称阵。执行 p=&a[0][0];后，*p 就是 a[0]，执行 p++后，将会指向数组 a 的下一个元素。因此，最后一个循环就是将数组 a 的 9 个值每三个一行输出。

6. 运行结果：

```
024
```

解析：第一个双层循环为二维数组 a 赋值。注意，二维数组 a[0]是行指针，因此执行 p=&a[0];后，**p 等价于该行第一个元素的值，即 a[0][0]的值，特别是执行 p++后，p 将指向数组 a 下一行的首地址，即**p 等价于 a[1][0]，以此类推，该程序最后一个循环就是依次输出二维数组 a 每一行第一个元素的值。

7. 运行结果：

```
012
```

解析：第一个双层循环为二维数组 a 赋值。注意：*（*（a+i）+j）等价于 a[i][j]。另外，二维数组 a 是行指针，因此执行 p=a;后，**p 等价于该行第一个元素的值，即 a[0][0]的值，特别是执行 p++；后，p 将指向数组 a 下一行的首地址，即*p 等价于 a[1][0]，以此类推，该程序最后一个循环就是依次输出二维数组 a 每一行第一个元素的值。

8. 运行结果：

```
s=15
t=30
v=12
```

解析：定义 int a[3][3]后，数组 a 相当于一个 3×3 矩阵。执行 p=&a[0][0];后，*p 等价于 a[0][0]，即指针 p 是列指针，执行 p++；后将会指向数组 a 的下一个元素 a[0][1]，因此第一个双层循环就是求 3×3 矩阵对角线元素之和 s 和非对角线元素之和 t。而指针 q 是行指针，执行 q=a;后，**q 等价于 a[0][0]，q++；将会指向下一行的首地址，因此最后一个循环就是求该矩阵每一行第一个元素之和。

五、改错题

1. 解析：本程序的设计思路是，设四个普通变量 a、b、c 和 d，用来存放输入的四个整数，设四个指针变量 pa、pb、pc 和 pd 分别指向变量 a、b、c 和 d，设置变量 max 和 min 分别存放最大值和最小值。首先利用四个指针变量输入四个整数，并将第一个整数赋给变量 max 和 min，然后分别和其他三个整数比较，如果后者大于 max，则将该值赋给 max；如果后者小于 min，则将该值赋给 min，这样比较完毕后，max 就是四个数的最大值，min 就是四个数的最小值。

源程序中，出现的错误主要有以下几点：

（1）pa、pb、pc 和 pd 都是指针变量，因此 pa=a;pb=b;pc=c;pd=d;都不正确，应该改为 pa=&a;pb=&b;pc=&c;pd=&d;。

（2）键盘输入函数 scanf 的第二个参数要求是地址列表，所以在输入第一个整数时，pa、pb、pc 和 pd 已经是地址，不需要再取其地址，正确格式应该是

scanf（"%d%d%d%d", pa, pb, pc, pd）;

（3）在 "max=min=pa;" 中，max 和 min 都是普通变量，因此应该改为

max=min=*pa;

（4）在最终输出时，max 和 min 不应该再用 "*" 取其值。正确语句应该为

printf（"max=%d　min=%d\n", max, min）;

改正后的源程序：

```
#include <stdio.h>
int main(void)
{int a,b,c,d,*pa,*pb,*pc,*pd,max,min;
 pa=&a;
 pb=&b;
 pc=&c;
 pd=&d;
 scanf("%d%d%d%d",pa,pb,pc,pd);
 max=min=*pa;
 if (max<*pb)
    max=*pb;
 if (min>*pb)
    min=*pb;
 if (max<*pc)
    max=*pc;
 if (min>*pc)
    min=*pc;
 if (max<*pd)
    max=*pd;
 if (min>*pd)
    min=*pd;
 printf("max=%d  min=%d\n",max,min);
 return (0);
}
```

2. 解析：

设 x 是任一自然数，程序中首先输入 x，然后分解出 x 的各位数字，分别存放到数组 a 的元素中，用变量 num 记录 x 的位数。将数组 a 反序赋给数组 b。最后依次比较 a[i] 和 b[i] 的值，只要有一个不相等，x 就不是回文数。

在原程序中，分解的是 y 的值，因此在分解前应该增加一条语句：

```
y=x;
```

分解 x 的位数完成后，pa 指针指向数组 a 最后一个元素之后的内存单元，所以在反序赋给数组 b 前，应该增加一条语句：

```
pa--;
```

将 pa 指针指向数组 a 的最后一个元素。同样，也应该增加一个 i--，将 i 的值减 1。

在判断数组 a 和数组 b 是不是相同时，只要有一对不相等就不是回文数，因此 if 语句应该改为

```
if(*pb!=*pa)
flag=0;
```

最后，在输出时，应该输出 x 是不是回文数，而不是输出 y 是不是回文数。

改正后的源程序：

```
#include <stdio.h>
#define N 6
int main(void)
```

```
{int a[N],b[N],i,x,*pa,*pb,num,flag,y;
 i=0;
 printf("\n input x=");
 scanf("%d",&x);              /*输入任意整数 x*/
 /*将 x 分解，存放到数组 a 中*/
 y=x;
 i=0;
 pa=a;
 while (y!=0)
   {*pa=y%10;
    y=y/10;
    pa++;
    i++;
   }
 num=i;                       /*记录位数*/
 /*将数组 a 的内容反序赋给数组 b*/
 pa--;
 pb=b;
 while (i>0)
   {*pb=*pa;
    pa--;
    pb++;
    i--;
   }
 /*判断是否是回文*/
 pa=a;
 pb=b;
 flag=1;
 printf("\n num=%d",num);
 while (num>0)
   {if (*pb!=*pa)
    flag=0;
    pa++;
    pb++;
    num--;
   }
 if (flag == 1)
    printf("\n %d 是回文",x);
 else
    printf("\n %d 不是回文",x);
 return 0;
}
```

六、补足程序

1.
（1）py=&y

（2）max=*px

解析：首先定义三个指针变量 px、py 和 pz，分别指向变量 x、y 和 z；然后通过指针变量输入三个数；最后用逐个比较法求出最大值并输出。

2.

（1）scanf（"%d%d%d",pa,pb,pc）

（2）*pa=*pc

（3）temp=*pb

解析：首先定义三个指针变量 pa、pb 和 pc，分别指向变量 a、b 和 c。然后通过指针变量输入三个数，并将这三个数排序。排序的方法是首先比较 a、b 的大小，并将较大数存入 a，较小数存入 b；然后比较 a、c 的大小，并将较大数存入 a，较小数存入 c，此时 a 中是三个数中的最大数；最后比较 b、c 的大小，并将较大数存入 b，较小数存入 c，此时 b 中是三个数中的第二大数，c 中是三个数中的最小数。排序之后 x=a-c 即为最大值和最小值的差值。

3.

（1）p=&a[0][0];

（2）if（*p!=1 && i==j）   f=0;

（3）p++;

解析：在该程序中，通过指针变量 p 间接引用二维数组 a 的元素。第一个双重循环用于从键盘输入方阵 N*N 个元素的值。在第二个双重循环之前，使得指针变量 p 重新指向 a[0][0]，该循环用于逐个检查元素是否符合单位阵的条件。

f 是标志变量，其初始值为 1。根据定义，如果主对角线元素不是 1，即 i=j 时，a[i][j]≠1；或者其他元素不是 0，即 i≠j 时，a[i][j]≠0，则不是单位阵，将 f 的值清 0。最后，根据 f 的值输出结果。

4.

（1）x2=*（p-2）;

（2）p++;

（3）for（p=a;p<a+n;p++）

解析：该问题又称为斐波那契数列。其基本算法是：设 f1=1，f2=1，则 f3=f1+f2，f4=f2+f3，…，fn=f（n-1）+f（n-2）。程序中首先将数列的前两项存入数组 a 中，然后在第一个循环中求出其余各项。通过指针 p-2，p-1，p 间接引用数组中连续的三个元素，每循环一次，指针 p 的值加 1 以指向下一个数组元素。第二个循环用于输出数组 a 中各元素的值。

七、编程题

1.

编程思路：

利用一维数组，结合指针比较方便，首先输入 100 个整数到数组中；然后求出该数组中偶数之和；最后再用循环求出该数组中奇数的最大值。

源程序：

```
#include <stdio.h>
int main(void)
{int a[100],*p,sum,max;
```

```
for (p=a;p<a+100;p++)
scanf("%d",p);
sum=0;
for (p=a;p<a+100;p++)
  if (*p%2==0)
    sum+=*p;
max=-1;
for (p=a;p<a+100;p++)
  if ( *p%2!=0 && max<*p)
    max=*p;
printf("sum=%d    max=%d\n",sum,max);
return 0;
}
```

2.

编程思路：

根据数学知识：判断对称矩阵的条件是 a[i][j]=a[j][i]。因此，先用双重循环输入 N 阶二维数组的各个元素的值；然后逐对元素进行判断，如果对所有的元素来说，a[i][j]=a[j][i]都成立，则是对称矩阵；否则，只要有一对不成立，就不是对称矩阵。

源程序：

```
#include <stdio.h>
#define N 6
int main(void)
{int a[N][N],*p,i,j,f;
 p=&a[0][0];
 for (i=0;i<N;i++)
   for (j=0;j<N;j++)
     scanf("%d", p+i*N+j);
 p=&a[0][0];
 f=1;                   /*标志变量，初值为 1*/
 for (i=0;i<N;i++)
 for (j=i;j<N;j++)     /*控制!=左侧取主对角线及以上的元素*/
   if (*(p+i*N+j)!=*(p+j*N+i))
    {f=0;               /*只要有一对不成立，就将标志变量清 0*/
     break;
    }
 if (f==1)              /*若 f 保持为 1，则说明所有的对称元素都相等*/
     printf("yes");
 else
     printf("no");
 return 0;
}
```

3.

编程思路：

在数学中，将矩阵的行列互换得到的新矩阵称为它的转置矩阵。首先定义一个二维数组 a，并通过双重循环将 N 阶方阵的各个元素输入数组 a 中。然后通过双重循环将主对角线两侧所有相对称的元素 a[i][j] 与 a[j][i] 互换，即可得到其转置矩阵。最后输出得到的转置矩阵。

源程序：

```c
#include <stdio.h>
#define N 6
int main(void)
{int a[N][N],(*p)[N],i,j,t;
p=a;
for (i=0;i<N;i++)
  for (j=0;j<N;j++)
   scanf("%d", p[i]+j);    // p[i]+j 等价于 *(p+i)+j，是 a[i][j] 的地址
for (i=0;i<N;i++)
for (j=i;j<N;j++)
   {t=*(p[i]+j);             // *(p[i]+j) 等价于 *(*(p[i]+j))，进而等价于 a[i][j]
    *(p[i]+j)=*(p[j]+i);//*(p[j]+i) 等价于 *(*(p[j]+i))，进而等价于 a[j][i]
    *(p[j]+i)=t;
   }
for (i=0;i<N;i++)
  {for (j=0;j<N;j++)
     printf("%8d",*(p[i]+j));
   printf("\n");
  }
return 0;
}
```

4.

编程思路：

首先分解出变量 n 中的每一位数，并依次存入数组 x 中。然后将数组 x 的元素值重新组合为 n 的反序数，存入变量 m 中。最后求出 s=m−n 就是该汽车所经历的里程。

源程序：

```c
#include <stdio.h>
int main(void)
{int n,m,y,s,x[20],*p,*q;
 printf("请输入一个正整数：");
 scanf("%d",&n);
 y=n;                  //保存 n 的副本
 for(p=x;y!=0;p++)
   {*p=y%10;           //取 y 的个位数
    y=y/10;            //去掉 y 的个位
   }
 m=0;
 for(q=x;q<p;q++)
    m=m*10+(*q);       //求 n 的反序数
 s=m-n;
 printf("经过的里程=%d\n",s);
 return 0;
}
```

思考一下，如果 m<n 怎么处理?

5.

编程思路:

该题既可以定义两个一维数组，也可以定义一个二维数组来存放 30 名学生的学号和成绩。以二维数组为例，定义 int a[30][2]，则在该数组中 a[i][0]存放序号为 i 的学生的学号，a[i][1]则存放该学生的成绩，然后用选择法对 a[i][1]进行排序即可。需要注意，在交换 a[i][1]时，对应的 a[i][0]也要一起交换。

源程序:

```c
#include <stdio.h>
#define N 6
int main(void)
{int a[N][2],(*p)[2],i,j,t;
 p=a;
 for (i=0;i<N;i++)
   for (j=0;j<2;j++)
     scanf("%d", p[i]+j);
 for (i=0;i<=N-2;i++)
   for (j=i;j<=N-1;j++)
     if (*(p[i]+1)<*(p[j]+1))
     {t=*(p[i]+1);
      *(p[i]+1)=*(p[j]+1);
      *(p[j]+1)=t;
      t=*(p[i]+0);
      *(p[i]+0)=*(p[j]+0);
      *(p[j]+0)=t;
     }
 printf("\n学号  成绩\n");
 for (i=0;i<N;i++)
     printf(" %d %d \n", *(p[i]+0),*(p[i]+1));
 return 0;
}
```

第四单元 实 验 指 导

实验一

一、实验目的

掌握指针与一维数组程序设计的一般方法及其调试方法。

二、实验要求

1. 仔细阅读下列实验内容，并编写相应的 C 语言源程序。

2. 在 C 语言运行环境下，编辑录入源程序。

3. 调试运行源程序，注意观察调试运行过程中发现的错误及改正方法。

第 7 章 指 针

4. 掌握根据出错信息查找语法错误的方法。

5. 最后提交带有充分注释的源程序文件（扩展名为 c）。要求该文件必须能够正确地编译及运行，并不得与他人作品雷同。

三、实验内容

1. 该程序的功能是：输入一个正整数，将其反序输出。例如，输入 1234，则输出 4321。调试运行该程序，改正其中的错误。

```c
#include <stdio.h>
#define N 8
int main(void)
{int a[N],i,x,*pa;
 i=0;
 printf("\n input x=");
 scanf("%d",&x);
 /*将 x 分解，存放到数组 a 中*/
 i=0;
 pa=*a;
 while (x<>0)
   {*pa=x%10;
    x=x/10;
    pa++;
    i++;
   }
 pa=a;
 x=pa;
 while (i>=0)
   {pa++;
    x=(x+*pa)*10;
    i--;
   }
 printf("\n y=%d",x);
 return 0;
}
```

2. 按照从小到大的顺序输入 5 个整数，组成一个有序数列，再输入第 6 个数，将其插入该序列中，并使序列保持升序。

3. 参考第 2 题，输入任意 5 个整数，先按从小到大的顺序排列，再输入 2 个整数，将其按从小到大的顺序插入该序列中。

实验二

一、实验目的

掌握指针与二维数组程序设计的一般方法及其调试方法。

二、实验要求

1. 仔细阅读下列实验内容，并编写相应的 C 语言源程序。

2. 在 C 语言运行环境下，编辑录入源程序。

3. 调试运行源程序，注意观察调试运行过程中发现的错误及改正方法。

4. 掌握根据出错信息查找语法错误的方法。

5. 最后提交带有充分注释的源程序文件（扩展名为 c）。要求该文件必须能够正确地编译及运行，并不得与他人作品雷同。

三、实验内容

1. 假设某区域有 16 个采样点，全部采样点的海拔存放在一个 4×4 的数组中，以下程序的功能是：首先输入 16 个采样点的海拔到数组 a 中，然后输入任意一个海拔 x，输出与此海拔 x 最接近的采样值以及对应的坐标（假设坐标就是该采样点的两个下标）。

调试运行以下程序，并改正其中的错误，使之得出正确结果。

```c
#include <stdio.h>
#define N 4
#include <math.h>
int main(void)
{int a[N][N],i,j,x,*p,min,mi,mj;
/*输入16个采样值*/
p=a;
for (i=0;i<N;i++)
  for (j=0;j<N;j++,p++)
    scanf("%d",*p);
/*输入x*/
printf("\n input x=");
scanf("%d",&x);
/*查找最接近点*/
p=a[0];
min= *p;
for (i=0;i<N;i++)
  for (j=0;j<N;j++,p++)
    if (*p<min)
    {
    min=*p;
    mi=i;
    mj=j;
    }
printf("\n %d 与最接近的海拔是:%d, 坐标为(%d,%d)",x,*p,i,j);
return 0;
}
```

2. 行列变换是日常生活中常见的问题，例如，新生军训走方队时，经常进行行列变换，既行变列、列变行。现在假设某方队 5 行、5 列，请定义一个 5×5 的二维数组，存放该方队 25 名同学的学号（假设学号为一个四位整数）。编写程序，输入该方队 25 名同学的学号到数组 a 中，按每行 5 个学号，共 5 行的形式输出该方队 25 名同学的学号；然后将该方队行列变换，即将 a 数组行变列、列变行，最后输出变换后的学号方阵。

3. 参考第 2 题，编写一个程序，输入 25 名同学的学号到数组 a 中，请按每行 5 个学号、共 5 行的形式输出 25 名同学的学号；然后，将该数组行列变换，输出变换后的学号方阵；最后输入一个学号，在方阵中查找是否有该学号，如果有该学号，则输出该同学的学号及该同学的位置（用第几行、第几列的形式输出位置）；如果没有该学号，则输出"该方队没有此同学！"。

第8章 字符串处理

第一单元 重点与难点解析

1. C 语言中有字符串数据类型吗?

C 语言的数据类型中没有字符串类型,所以也就没有字符串变量的概念。在 C 语言中用字符类型的数组来进行字符串处理。

2. C 语言可以处理中文字符串吗?

C 语言可以处理中文字符串。需要注意的是,一个汉字要占多个字节。在 Windows XP 和 Windows 系统下中文默认采用 GBK 编码,则一个汉字占用 2 个字节。而在 Linux 系统下,汉字默认采用 UTF-8 编码,则一个汉字占 3 个字节。

例如:

```
#include "stdio.h"
#include "string.h"
int main(void)
{
 char str[100];
 scanf("%s",str);
 printf("%s: %d\n",str,strlen(str));
}
```

上述代码在 Windows 系统下运行,如果从键盘输入"山东理工大学",则输出结果为"山东理工大学: 12"

3. 字符串的结束标志为'\0'还是 0?

在 C 语言中,作为字符串的结束标志'\0'和 0 是等价的。因为字符'\0'对应的 ASCII 码值为 0。

4. 已知 str 是字符数组名,则 scanf("%s", str)和 gets(str)有什么区别?

当头文件 stdio.h 中的 scanf 函数中使用%s 接收字符串时,遇到空格、制表符、回车符都表示结束,而头文件 string.h 中的 gets 函数仅以回车符作为输入结束。

5. 已知 str 是字符数组名,则 printf("%s", str)和 puts(str)有什么区别?

puts(str)屏幕上显示字符串 str 并且结束后自动换行,等价于 printf("%s\n", str)。

6. 字符数组越界访问能编译通过吗?

字符数组越界访问编译可以通过,不会报错,但运行时会出现问题。

7. 字符数组 char str[]="abc"和字符指针 char *p="abc"有什么区别呢?

首先,二者在内存中的位置不同,字符数组保存的字符串存放在内存的栈中,而字符指针指向的字符串保存在内存的静态存储区中。

其次,字符数组保存的字符串属于变量,可以被修改,而字符指针指向的字符串属于常量,不能被修改。

8. 字符指针和字符数组名是否都是指针常量呢?

字符指针通常指的是字符指针变量，可以改变它的指向，可以将一个字符指针指向一个字符串常量后又指向另一个字符串常量。在未赋值之前，字符指针是一个未定义的值，所以在使用字符指针时一定要赋初值。

第二单元 习 题

一、判断题

1. 定义 char s[]="well";char t[]={'w', 'e', 'l', 'l'};中，s 与 t 相同。（   ）

2. 当两个字符串所包含的字符个数相同时，才能比较两个字符串的大小。（   ）

3. 调用函数 strcat（strcpy（str1，str2），str3）;可将串 str1 复制到串 str2 后，再连接到串 str3 之后。（   ）

4. 程序段 int main（void）{char a[30], b[]="China";a=b;printf（"%s", a）;return 0;}将编译出错。（   ）

5. 语句 char *str="How are you!"的含义是将字符串存入变量 str 中。（   ）

6. 调用函数：strcmp（str1, str2）;必须包含头文件 string.h。（   ）

二、选择题

1. 若有说明语句 char s[3][5]={"aaaa","bbbb","cccc"};，则它与_____中的说明是等价的。

A. char s[ ][ ]={"aaaa", "bbbb", "cccc"};

B. char s[3][]={"aaaa", "bbbb", "cccc"};

C. char s[ ][5]={"aaaa", "bbbb", "cccc"};

D. char s[ ][4]={"aaaa", "bbbb", "cccc"};

2. 下列选项中正确的语句组是_____。

A. char s[8];s={"China"};

B. char *s;s={"China"};

C. char s[8];s="China";

D. char *s;s="China";

3. 下面程序段的运行结果是_____。

```
char c[6]={'a','b','\0','c','d','\0'};
printf("%s",c);
```

A. 'a' 'b'   B. ab   C. ab c   D. ab cd

4. 有两个字符数组 a、b，则以下正确的输入语句是_____。

A. gets（a, b）;   B. scanf（"%s%s", a, b）;

C. scanf（"%s%s", &a, &b）;   D. gets（"a"）, gets（"b"）;

5. 下面程序段的运行结果是_____。

```
char a[7]= "abcdef";
char b[4]= "ABC";
strcpy(a,b);
printf("%c",a[5]);
```

A. 空格　　　　　　　B. \0　　　　　　　C. e　　　　　　　D. f

6. 以下程序运行后的输出结果是_____。

```
#include <string.h>
int main(void)
{
int i,j;
char a[]={'a','b','c','d','e','f','g','h','\0'};
i=sizeof(a); j=strlen(a); printf("%d,%d\n",i,j);
return 0;
}
```

A. 9, 9　　　　　　　B. 8, 9　　　　　　　C. 1, 8　　　　　　　D. 9, 8

7. 为了判断两个字符串 s1 和 s2 是否相等，应当使用下列哪种表示形式_____。

A. if（s1==s2）

B. if（strcpy（s1, s2））

C. if（s1=s2）

D. if（strcmp（s1, s2）==0）

8. 下面程序的输出结果是_____。

```
#include <stdio.h>
int main(void)
{
char str[]="I like swimming! ",*p=str;
p=p+7;
printf("%s",p);
}
```

A. 程序有错误　　　　B. I like swimming!　　C. swimming!　　　D. like swimming!

9. 有如下定义，不能给数组 a 输入字符串的是_____。

```
char a[20],*p=a;
```

A. gets（p）　　　　　B. gets（a[0]）　　　　C. gets（&a[0]）　　　D. gets（a）

10. 有以下定义，不能表示字符 C 的表达式是_____。

```
char str[]="BBCCDDEE",*p=str;
```

A. *（p+2）　　　　　B. str[2]　　　　　　C. *（str+2）　　　　D. *p+2

三、填空题

1. 程序段 char c[]="How are you! ";printf（"%s",c+4）;的运行结果是_____。

2. 有定义 char str[]="AST\n012\\\x69\082\n ",*p=str;,则 strlen(str)的值是_____,
strlen（p+2）的值是_____。

3. 函数 strcmp（"ABCDE"，"ABCDE"）的返回值是_____。

4. 字符数组 a、b、c 存放了 3 个字符串，把 a、b 中的字符串连接后放入数组 a 中的语句为_____，把 a、b、c 中的字符串连接成一个字符串放入数组 a 中的语句为_____。

四、改错题

1. 下划线标出的代码有错误，请修改为正确代码。

```
char str[20];
scanf("%s",&str);
```

2. 下划线标出的代码有错误，请修改为正确代码。

```
char str[20];
str="abcdef";
puts(str);
```

3. 程序功能：输入一个字符串存入数组 str 中，依次取出字符串中所有的字母，形成新的字符串，并取代原字符串。下划线标出的代码有错误，请修改为正确代码。

```
#include <stdio.h>
int main(void)
{
char str[80];
int i,j;
printf("Input a string: ");
gets(str[80]);
printf("\nThe string is:%s\n",str);
for(i=0,j=0; str[i]!= '\0'; i++)
if((str[i]>= 'A'&&str[i]<= 'Z')&&(str[i]>='a'&&str[i]<='z'))
    str[j++]=str[i];
str[j]= "\0";
printf("\nThe string changed:%s\n",str);
return 0;
}
```

4. 程序功能：输入 10 个字符串，根据每个字符串的长度由小到大排序并输出。下划线标出的代码有错误，请修改为正确代码。

```
#include "stdio.h"
#include "string.h"
int main(void)
{
char ss[10][100],tt[100];
int i,j;
printf("Input 10 strings(<100):\n");
for(i=0;i<10;i++)
    gets(ss[i]);
for(i=0;i<9;i++)
  {
  for(j=0;j<9-i;j++)
    {
      if(ss[j]>ss[j+1])
        {tt=ss[j];ss[j]=ss[j+1];ss[j+1]=tt;}
    }
  }
for(i=0;i<10;i++)
    puts(ss[i]);
return 0;
}
```

5. 以下程序把数组 b 中字符串连接到数组 a 字符串的后面，并输出数组 a 中新字符串的长度。下划线标出的代码有错误，请修改为正确代码。

```c
#include <stdio.h>
int main(void)
{
char a[80],b[20];
int num=0,n=0;
gets(a);
gets(b);
while(*(a+num)!= '\0')
    num++;
while(b[n])
  {
   *(a+num)=    b+n   ;
   num++;
   n++;
  }
a[num]='\0'
puts(a);
printf("%d\n",    n   );
return 0;
}
```

五、读程序写结果

1.
```c
#include <stdio.h>
#include <string.h>
int main(void)
{
char s[30]="ABCD";
int i,d;
d=strlen(s);
for(i=0;i<d;i++)
    printf("%c\n",s[i]);
return 0;
}
```

2.
```c
#include <stdio.h>
#define    M   3
#define    N   4
int main(void)
{
char a[100]="";
char w[M][N]={{'S','D','U','T'},{'S','H','A','N'},{'D','O','N','G'}};
int  i,j,k;
k=0;
```

```
    for(j=0;j<N; j++)
        for(i=0; i<M; i++)
            a[k++]=w[i][j];
    a[k]='\0';
    puts(a);
    return 0;
}
```

3.
```
#include <stdio.h>
#include <string.h>
int main(void)
{
 char  w[3][10]={"AAA","BB","C"}, a[50]="";
 int i ;
 for(i=0;i<3;i++)
     strcat(a,w[i]);
 puts(a);
 return 0;
}
```

4.
```
#include <stdio.h>
#include <string.h>
int main(void)
{char t,s[10]="abcde";
 int i,j;
 for(i=0,j=strlen(s)-1;i<j;i++,j--)
   {
    t=s[i];
    s[i]=s[j];
    s[j]=t;
   }
   puts(s);
   return 0;
}
```

5.
```
#include <stdio.h>
#include <string.h>
int main(void)
{
 char s[30]="ABCD",t[100];
 int i,d;
 d=strlen(s);
 for(i=0;i<d;i++)
     t[i]=s[i];
 for(i=0;i<d;i++)
     t[d+i]=s[d-1-i];
```

```
    t[2*d]='\0';
    puts(t);
    return 0;
}
```

六、补足程序

1. 给定程序的功能是:将数组 s 中所有奇数下标位置上的小写字母转换成大写字母(若该位置上不是小写字母，则不转换)。例如，若输入"abc4EFG"，则应输出"aBc4EFG"。

```
#include  <stdio.h>
#include  <string.h>
int main(void)
{
 char  s[80];
 int i;
 printf("请输入一个字符串: ");
 gets(s);
 for(i=1;i<strlen(s);i+=2)
     if(_____)
       _____
 puts(s);
 return 0;
}
```

2. 给定程序的功能是：读入一个字符串，将该字符串中的所有字符按 ASCII 码升序排序后输出。

```
#include <stdio.h>
#include <string.h>
int main(void)
{
 char c,s[80];
 int i,j;
 printf("\n请输入一个字符串:");
 gets(s);
 for(i=0; i<strlen(s)-1; i++)
  for(j=0;_____; j++)
    if(_____)
     {
       c=s[j];
       s[j]=s[j+1];
       s[j+1]=c;
     }
 printf("排序结果:%s\n",s);
 return 0;
}
```

3. 给定程序的功能是：从 s 所指字符串中，找出 t 所指子串的个数。例如，s 所指字符串中的内容为"abcdabfab"，t 所指字符串的内容为"ab"，则输出整数 3。

```c
#include <stdio.h>
#include <string.h>
int main(void)
{
 char s[80]="abcdabfab";
 char t[20]="ab";
 int i,j,n=0;
 for(i=0;i<strlen(s);i++)
 {
  for(j=0; j<strlen(t); j++)
     if( s[i+j]!=t[j] )
        _____
  if(_____)
     n++;
 }
 printf("n=%d\n",n);
 return 0;
}
```

4. 给定程序的功能是：从键盘输入一句英文，以空格分隔每个单词。将句子中每个单词的首字母置为大写字母后输出。

```c
#include <stdio.h>
#include <string.h>
int main(void)
{
 char s[80];
 int i,j,n=0;
 gets(s);
 strlwr(s);
 for(i=0;_____;i++)
 {
  if(i==0||_____)
     if(s[i]>='a'&&s[i]<='z')
        s[i]-=32;
 }
 puts(s);
 return 0;
}
```

5. 给定程序的功能是：从键盘输入一行包含数字字符的字符串，计算并输出数字字符对应数值的累加和。例如，输入字符串为 abs5def126jkm8，程序执行后的输出结果为 22。

```c
#include <stdio.h>
#include <string.h>
int main(void)
{
```

```
char  s[81],*p=s;
int  sum=0;
printf("请输入一个包含数字的字符串：");
gets(s);
while(*p)
{
 if(_____)
     sum+=_____;
 p++;
}
printf("数字之和：%d\n",sum);
return 0;
}
```

七、编程题

1. 请编写一个程序，功能是删除字符串中的所有空格。例如，输入"asd af aa z67"，则输出为 "asdafaaz67"。

2. 请编写程序：从键盘输入一个字符串，分别统计字母'a', 'b', 'c', …, 'z'出现的次数。

3. 请编写程序：首先从键盘输入一个正整数 m，然后移动字符串中的内容，移动的规则如下：把第 1 个到第 m 个字符平移到字符串的最后，把第 m+1 个到最后的字符移到字符串的前部。例如，字符串中原有的内容为 ABCDEFGHIJK，m 的值为 3，则移动后字符串中的内容应该是 DEFGHIJKABC。

4. 输入一个 3 行 4 列的表格，转置后输出。

例如，输入：
name/course	Maths	English	Computer
Tom	80	90	95
Jack	85	88	98

输出：
course/name	Tom	Jack
Maths	80	85
English	90	88
Computer	95	98

5. 输入如下 C 语言源程序（以空行表示输入结束），编写程序对该源程序进行格式化处理并输出。

```
输入：#include<stdio.h>
      int main(void)
      {int i, sum=0;
      for(i=1;i<=100;i++)
      {sum+=i;
      }
      printf("sum=%d",sum);
      }
输出：#include<stdio.h>
      int main(void)
      {
        int i, sum=0;
        for(i=1;i<=100;i++)
```

```
                    {
                        sum+=i;
                    }
                    printf("sum=%d",sum);
                }
```

第三单元　习题参考答案及解析

一、判断题

1. 错误。

解析：字符数组 s 的实际长度为 5，因为字符串的末尾有结束标识'\0'。而字符数组 t 的长度为 4。

2. 错误。

解析：在 C 语言中使用 strcmp 函数是为了比较两个字符串的大小。字符串的比较是比较字符串中对应字符的 ASCII 码。首先比较两个字符串的第一个字符，若不相等，则停止比较并得出大于或小于的结果；如果相等就接着比较第二个字符，然后第三个字符……

3. 错误。

解析：其正确功能是把字符串 str2 复制到字符数组 str1，然后把字符串 str3 连接到字符数组 str1 中的字符串之后。

4. 正确。

解析：a 是字符数组名，属于指针常量，而常量是不能赋值的。

5. 错误。

解析：其含义是使指针 str 指向字符串的首地址。

6. 正确。

解析：C 语言的标准库中有一个名字为 string.h 的头文件，包含一些常用的 C 字符串处理函数，如 strcat、strcpy、strlen、strcmp 等。调用这些函数前必须包含头文件 string.h。

二、选择题

1. C

解析：当对二维字符数组进行初始化时，可以把第一维的长度省略。这时，第一维的长度等于实际初始化时字符串的个数。

2. D

解析：选项 A 和选项 C 中 s 是字符数组名，是常量，所以不能进行赋值。选项 B 中的 {}是多余的。在字符数组初始化时才可以使用{}，如 char s[8]={"China"};。

3. B

解析：在 printf 函数中，当使用%s 格式字符输出字符串时，遇到字符串结束标志'\0'就会停止。

4. B

解析：选项 A 中 gets 函数只能有一个参数。选择 C 中的&是多余的，因为数组名 a 和 b 本身就是地址常量。选项 D 中的""是多余的。

5. D

解析：执行 strcpy（a,b）后，字符数组 a 中存储的 7 个字符分别为'A'，'B'，'C'，'\0'，'e'，'f'，'\0'，因为数组的下标从 0 开始计数，所以答案为 D。

6. D

解析：sizeof 运算符的功能是统计字符数组 a 所占用的字节数，因为每个英文字母占用 1 个字节，'\0'也占用 1 个字节，所以共占用 9 个字节。strlen 函数的功能是统计字符串的长度，而字符串是以'\0'作为结束标志的。

7. D

解析：要比较两个字符串是否相等，不能使用关系运算符==进行比较，只能用 strcmp 函数进行比较。

8. C

解析：字符指针 p 是变量，可以进行赋值运算。因为每个字符占用 1 个字节的内存空间，所以语句 p=p+7 表示把指针向后移动 7 个字节。

9. B

解析：gets 函数中的参数只能是地址量，而选项 B 中的 a[0]是一个字符型变量。

10. D

解析：选项 D 中运算符*的优先级大于运算符+，所以选项 D 等价于（*p）+2，如果把它输出到屏幕上，得到的结果为 D。

三、填空题

1. are you!

解析：字符数组名 c 存储的是地址常量，也就是第 1 个字符在内存中的地址，c+4 也就是第 5 个字符在内存中的地址。

2. 9　　　　7

解析：字符串中的'\n'、'\\'和'\x69'各表示一个字符，且遇到'\0'字符串结束。

3. 0

解析：strcmp 函数用于比较两个字符串是否相等，如果相等，则返回 0。

4. strcat（a,b）　　　　strcat（strcat（a,b），c）

四、改错题

1. 将语句 scanf（"%s",&str）; 改为 scanf（"%s",str）;。

解析：scanf 函数中双引号外面的所有参数必须是地址量。而这里 str 作为数组名，已经是一个地址量，不再需要使用取地址运算符&。

2. 将语句 str="abcdef"; 改为 strcpy（str,"abcdef"）;。

解析：数组名 str 是地址常量，不能赋值。

3. 将语句 gets（str[80]）; 改为 gets（str）;，

if（（str[i]>= 'A' &&str[i]<= 'Z'）&&（str[i]>= 'a'&&str[i]<= 'z'））

改为 if（（（str[i]>='A'&&str[i]<='Z'）||（str[i]>='a'&&str[i]<='z'）），

str[j]= "\0"; 改为 str[j]= '\0';。

解析：gets 中的参数是一个地址量。第二个下划线处的逻辑关系应该是大写字母或者小写字母，所以应该使用逻辑或运算符||。

4. 将语句 if（ss[j]>ss[j+1]）改为 if（strlen（ss[j]）>strlen（ss[j+1])），将

tt=ss[j];ss[j]=ss[j+1];ss[j+1]=tt;改为 strcpy（tt,ss[j]）;strcpy（ss[j], ss[j+1]）;strcpy

（ss[j+1],tt）;。

解析：字符串长度的比较使用 strlen 函数，ss[j]>ss[j+1]只是用于比较两个数组在内存中出现的先后顺序。字符数组名作为地址常量，不能出现在赋值运算符的左侧。

5. 将语句*（a+num）=b+n; 改为*（a+num）=*（b+n）;或者*（a+num）=b[n];，

printf（"%d\n", n）; 改为 printf（"%d\n", num）;

解析：b+n 是地址量，也是指针，而*（b+n）才是对应的字符。变量 n 中存储的是字符串 b 的长度。

五、读程序写结果

1. 答案：A
　　　　B
　　　　C
　　　　D

解析：程序的功能是竖向输出所有字符。具体来讲就是，先计算字符串 s 中字符的个数，并存储到变量 d 中，然后利用 for 循环，每次输出一个字符和换行符。

2. 答案：SSDDHOUANTNG

解析：程序的功能是先列后行输出所有字符。具体来讲就是，按照先列后行的顺序遍历字符，并分别存储到字符数组 a 中，然后增加一个字符串结束标志'\0'，从而构造出字符串 a，最后输出字符串 a。

3. 答案：AAABBC

解析：程序的功能是连接三个字符串为一个字符串。具体来讲就是，按顺序遍历二维字符数组，并连接到新的字符数组 a 中，最后输出字符数组 a 中的字符串 a。

4. 答案：edcba

解析：程序的功能是逆向输出字符串。具体来讲就是，首先交换第 1 个和最后 1 个字符，然后交换第 2 个和倒数第 2 个字符，以此类推，直到中间位置。最后输出前后倒置之后的字符串。

5. 答案：ABCDDCBA

解析：程序的功能是先正向输出字符串，然后逆向输出字符串。具体来讲就是，利用第一个 for 循环把字符数组 s 中的字符复制到字符数组 t 中，然后利用第二个 for 循环把字符数组 s 中的字符按逆序追加到字符数组 t 中，并增加字符串结束标志'\0'，从而构造出字符串 t。最后输出字符串 t。

六、补足程序

1. 答案：s[i]>='a'&&s[i]<='z'　　　　　　s[i]-=32 ;

解析：程序利用 for 循环，按照从左到右的顺序遍历奇数位置上的字符，如果当前位置的字符是小写字母，则转换为大写字母。

2. 答案：j<strlen（s）-1-i　　　　s[j]>s[j+1]

解析：在 C 语言中，采用字符数组存储字符串，而每个字符以 ASCII 码的形式进行存

储。排序的核心思想是通过比较数值的大小来交换字符的位置。对一维数组的排序需要采用双重循环来实现。外循环用于控制比较的轮数，对于长度为 strlen（s）的字符，需要进行 strlen（s）–1 轮比较，外循环每进行一轮比较，即 i 变化一次，则会得到一个排序的字符，即首先把最小的字符放在字符数组中下标为 0 的位置，然后把次小的字符放在字符数组中下标为 1 的位置。内循环用于控制每轮进行比较的次数，即用于对从第 i 个位置开始的子字符串进行排序，随着外循环变量 i 数值的增加，内循环的循环次数会从 strlen（s）–1 递减到 1。

3. 答案：break;　　　　　　　　j==strlen（t）

解析：在字符串 s 中从左到右按顺序查找子串 t 出现的个数。具体来说，用 i、j 分别控制字符串 s、t 中每个字符的下标，每次比较 s[i+j] 和 t[j] 是否相同，如果一直相同，则说明从字符串 s 中找到一个子串 t，对应的计数器 n 加 1；如果不相同，说明从 i 位置开始的子串不是 t，可提前结束内循环，继续比较 i 增加 1 之后的 s[i+j] 和 t[j] 是否相同。

4. 答案：i<strlen（s）　　　　　s[i-1]==' '

解析：程序从左到右遍历从键盘输入的字符串，判断当前字符是否为单词的首字母，如果是首字母，则置为大写字母。判断当前字符是否为单词首字母的条件为：下标为 0 的字符或当前字符的前一个字符为空格。

5. 答案：*p>='0'&&*p<='9'　　　　　*p-'0'

解析：程序从左到右遍历从键盘输入的字符串，判断当前字符是否为数字字符，如果是，则转换为数值后加到变量 sum 中。注意：数字字符存储为对应的 ASCII 码，转换为对应数值的方法为：对应的数字字符减去'0'。

七、编程题

1.
编程思路：

根据题目要求，需要删除字符串中的所有空格，即把非空格字符移到前面覆盖空格字符。所以，需要用两个变量 i、n 分别来控制原始字符串的下标、去掉空格后的字符串的下标。程序从左到右遍历字符串，下标 n 对应的字符如果是空格，就把后面下标 i 对应的第一个非空格字符移到 n 的位置。然后把下标 i 对应的非空格置为空格。最后需要在下标 n 的位置加上字符串结束标志。

源程序：

```
#include <stdio.h>
#include <string.h>
int main(void)
{
 char s[100];
 int  i,n=0;
 printf("请输入一个字符串:") ;
 gets(s);
 i=0;
 while(i<strlen(s))
   {
    if(s[n]==' ')
```

第 8 章 字符串处理

```
    {
        //找到空格后的第一个字符
        while(s[i]==' ')
            i++;
        s[n]=s[i];
        //把原字符修改为空格
        s[i]=' ';
        }
    n++;
    i++;
    }
  s[n]='\0';
  printf("%s\n",s);
}
```

2.

编程思路：

根据题目要求，分别统计 26 个英文字母出现的次数。首先需要定义一个长度为 26 的整型数组，并将每个元素的值初始化为 0。然后从左到右遍历字符串，如果找到某个英文字母，则对应的整型数组元素的值加 1。

源程序：

```
#include <stdio.h>
int main(void)
{
 char str[80];
 int i,j,count[26]={0};
 gets(str);
 for(i=0;str[1]!='\0';i++)
    for(j=0;j<26;j++)
        if(str[i]=='a'+j)count[j]++;
 for(j=0;j<26;j++)
    printf("%c出现的次数:%d\n",'a'+j,count[j]);
}
```

3.

编程思路：

根据题目要求，把前 m 个字符移到字符串的最后。可以使用循环的方式，每次把第一个字符移到最后，即首先把第一个字符存到变量 t 中，然后把剩余的字符依次往前移动，最后把 t 中的字符存入字符串的最后位置。循环上述步骤 m 次即可。

源程序：

```
#include <stdio.h>
#include <string.h>
#define   N    80
int main(void)
{
 char  t,a[N]= "ABCDEFGHIJK";
 int  i,j,m;
```

```
printf("\n 移动前的字符串: ");
puts(a);
printf("请输入 m 的值: ");
scanf("%d",&m);
for(i=0;i<m;i++)
    {
    //把首字符取出
    t=a[0];
    //首字符之外的其他字符均向前移一位
    for(j=1;j<strlen(a);j++)
        a[j-1]=a[j];
    //把原首字符放到最后
    a[j-1]=t;
    }
printf("\n 移动后的字符串: ");
puts(a);
}
```

4.

编程思路:

根据题目要求, 有 3 行 4 列, 即 12 个字符串, 所以需要定义一个三维字符数组。需要先把表头数据"name/course"处理为"course/name"后再转置输出。处理表头的方式参考如下: 首先在表头最后位置增加一个'/', 然后重复把表头的第一个字符移到最后位置, 直到遇到表头字符中的第一个'/', 停止移动。

源程序:

```
#include <stdio.h>
#include <string.h>
#define M 3
#define N 4
int main(void)
{
 char str[M][N][50];
 char t;
 int i,j,k,m;
 int len;
 //输入
 for(i=0;i<M;i++)
     for(j=0;j<N;j++)
         {
         scanf("%s",str[i][j]);
         }
 //交换第一个字符串中的 name 和 course
 len = strlen(str[0][0]);
 str[0][0][len] = '/';
 str[0][0][len+1]='\0';
 len++;
 for(k=0;k<len;k++)
```

```
{
    //把首字符取出
    t=str[0][0][0];
    //首字符之外的其他字符均向前移一位
    for(m=1;m<len;m++)
        str[0][0][m-1]=str[0][0][m];
    //把原首字符放到最后
    str[0][0][m-1]=t;
    if(t=='/')
        break;
}
str[0][0][len-1]='\0';
//输出转置矩阵
printf("\n");
for(j=0;j<N;j++)
{
    for(i=0;i<M;i++)
    {
        printf("%s\t",str[i][j]);
        if(strlen(str[i][j])<8)
            printf("\t");
    }
    printf("\n");
}
}
```

5.

编程思路:

观察输入和输出后可知，遇到字符'{'时后面的代码需要增加缩进并对齐。程序自顶向下进行处理，首先判断第一个字符是否是'{'，如果是'{'，则增加缩进。遇到'}'后，减少缩进。

源程序:

```
#include <stdio.h>
#include <string.h>
#define N 80
int main(void)
{
    char str[N][100];
    int i,j,line=0;
    int tCount=0;
    char indent[10];
    char *p;
    //输入
    for(i=0;i<N;i++)
    {
```

```
    gets(str[i]);
    if(strlen(str[i])<1)
        break;
    line++;
}
//输出
printf("\n");
for(i=0;i<line;i++)
  {
    p=str[i];
    if(*p=='{')
      {
        //输出{前缩进
        for(j=0;j<tCount;j++)
            printf("\t");
        printf("{\n");
        tCount++;
        p++;
      }
    else if(*p=='}')
        tCount--;
    //输出缩进
    for(j=0;j<tCount;j++)
        printf("\t");
    printf("%s\n",p);
  }
}
```

第四单元　实　验　指　导

实验一

一、实验目的

1. 掌握字符数组的定义及使用方法。
2. 掌握字符指针的定义及使用方法。

二、实验要求

1. 在 C 语言运行环境下，编辑录入源程序。
2. 调试运行源程序，并记录下调试运行过程中出现的所有错误及改正方法。
3. 掌握根据出错信息查找语法错误的方法。
4. 掌握通过动态跟踪程序运行过程查找逻辑错误的方法。

三、实验内容

1. 调试运行以下程序，观察并分析输出结果。

```
#include <stdio.h>
int main(void)
{
 char str[80];
 int i,count;
 printf("请输入一个长度小于 80 的字符串:");
 gets(str);
 count=0;
 for(i=0;str[i]!='\0';i++)
     if(str[i]=='a') count++;
 printf("字母 a 出现的次数是:%d\n",count);
 return 0;
}
```

2. 调试运行以下程序，观察并分析输出结果。

```
#include<stdio.h>
int main(void)
{
 char s[80],*ps;
 int count=0;
 ps=s;
 printf("请输入一个长度小于 80 的字符串:");
 gets(ps);
 while(*ps!='\0')
   {
    count++;
    ps++;
   }
 printf("字符串的长度是: %d\n",count);
 return 0;
}
```

3. 编写程序：从键盘任意输入一句英文，统计单词 the 出现的次数。例如，从键盘输入 the sooner the better，则屏幕输出 2。

实验二

一、实验目的

掌握字符串处理函数的使用方法。

二、实验要求

1. 在 C 语言运行环境下，编辑录入源程序。
2. 调试运行源程序，并记录下调试运行过程中出现的所有错误及改正方法。
3. 掌握根据出错信息查找语法错误的方法。
4. 掌握通过动态跟踪程序运行过程查找逻辑错误的方法。

三、实验内容

1. 调试运行以下程序，观察并分析输出结果。

```c
#include <stdio.h>
#include <string.h>
int main(void)
{char destination[25];
 char blank[ ] = " ";
 char c[ ]= "C";
 char turbo[ ] = "Turbo";
 strcpy(destination, turbo);
 strcat(destination, blank);
 strcat(destination, c);
 puts(destination);
 return 0;
}
```

2. 下面程序的功能是从键盘输入 10 个字符串，找出其中最大者。调试运行以下程序，观察并分析输出结果。

```c
#include <stdio.h>
#include <string.h>
int main(void)
{
 char max[20],str[10][20];
 int i;
 for(i=0;i<10;i++)
    gets(str[i]);
 strcpy(max,str[0]);
 for(i=1;i<10;i++)
    if(strcmp(max,str[i])<0)
        strcpy(max,str[i]);
 puts(max);
 return 0;
}
```

3. 编写程序：输入一串数字，转化为汉字输出。例如，从键盘输入 1234567890，则屏幕输出"壹贰叁肆伍陆柒捌玖零"。

第 9 章 函　　数

第一单元　重点与难点解析

1. 为什么在调用库函数时，要在程序中包含相应的头文件？

因为在头文件中，包含相应库函数原型的声明，以便于程序编译时检查库函数的调用形式是否正确。

2. 如何划分函数？

通常将一个程序中功能相对独立的程序段定义为一个单独的函数。但是也不宜划分得过于零散，例如，一般不需要将数组的输入或输出部分定义为单独的函数。

3. 是不是无参函数都没有返回值，而有参函数都有返回值呢？

不是的。一个函数有没有返回值与有没有参数没有必然联系。故无参函数和有参函数都可以根据需要有返回值或者没有返回值。

4. 何时应该定义无参函数，何时应该定义有参函数呢？

若主调函数不需要向被调函数传递数据，则被调函数应定义为无参函数；反之，应定义为有参函数。

5. 当定义有参函数时，应该将哪些变量定义为形参呢？

在定义被调函数时，若需要从主调函数中接收数据，则应该将被调函数中用于接收数据的变量定义为形参。

6. 当定义被调函数时，应当将哪个变量或表达式定义为返回值呢？

在定义被调函数时，应当将需要将其值从被调函数传递到主调函数中的变量或表达式定义为被调函数的返回值。

7. 为什么 C 语言的参数传递，要设计为单向传递而不是双向传递呢？

因为按照软件工程的思想，函数之间的耦合度（相互影响的程度）越低越好。而参数传递设计为单向传递，就是为了排除形参发生改变时对实参的影响。

8. 如何确定一个被调函数有没有返回值，以及返回值的类型呢？

如果一个被调函数不需要向主调函数传递数据，具体表现为其返回语句为 return;这种形式，或者省略 return 语句，则该函数无返回值，其函数类型应定义为 void 类型。若被调函数需要将变量或表达式的值传递到主调函数中，则该函数应当有返回值，函数的类型一般与 return 之后的变量或表达式的类型一致。

9. 哪种函数只能以语句方式调用，哪种函数的调用可以出现在表达式中呢？

若一个函数无返回值，即函数定义为 void 类型，则该函数的调用只能以语句的形式出现，即直接在函数调用之后加分号。若一个函数有返回值，则该函数的调用可以出现在表达式中，即函数调用作表达式。

10. 何时需要声明函数原型，声明函数原型的作用是什么？

在一个程序文件中，只要是被调函数在主调函数之后定义，就必须声明函数原型。其作用是便于编译系统对函数的调用形式进行正确性检查。

11. 全局变量是不是可以在整个程序中都能引用呢？

不是的。一个 C 语言的程序可以包括多个源程序文件，在默认情况下，全局变量的定义域仅限于定义它的程序文件，即从其定义点开始，直至这个程序文件的末尾。不过，可以通过声明外部全局变量，将其作用域扩展到其他程序文件中。

12. 看起来利用全局变量在函数之间传递数据很方便，既然如此，为什么还要利用函数的参数和返回值传递数据呢？

利用全局变量在函数之间传递数据的确很方便。但是，使用全局变量增加了函数之间的耦合度，不符合软件工程的思想。因此，函数之间数据的传递应当尽量采用参数或返回值，而不是全局变量。

第二单元　习　　题

一、判断题

1. 被调函数传递给主调函数的数据，称为被调函数的返回值。（　　　）
2. 无返回值的函数，调用时只能作为语句，而不能出现在表达式中。（　　　）
3. 无参函数没有返回值，有参函数有返回值。（　　　）
4. 实参与形参的类型必须相同。（　　　）
5. 不同作用域中的局部变量可以同名，且相互独立。（　　　）
6. 全局变量的作用域是定义该变量的整个程序。（　　　）
7. 未作特别说明的全局变量都是静态全局变量。（　　　）

二、填空题

1. 实参与形参的类型，必须具有_____或_____的关系。
2. 在参数传递时，只能将_____的值传给对应的_____，反之不可以。
3. 函数的一次调用，最多有_____个返回值，最少有_____个返回值。
4. 若有函数 char f（ ）{return 100;}，则其返回值为_____。
5. 按作用域划分，形参属于_____变量。
6. 静态局部变量的内存分配和初始化是在程序_____之前完成的。

三、选择题

1. C 语言中三角函数参数的单位是_____。
A. 度　　　　　　　　　B. 弧度　　　　　　　　C. 度和弧度　　　　　　　　D. 无
2. 计算 x 的常用对数的正确表达式是_____。
A. y=double log（double x）　　　　　　　B. y=log（x）
C. y=double log10（double x）　　　　　　D. y=log10（x）
3. 关于函数参数的描述正确的是_____。
A. 实参只能是变量　　　　　　　　　B. 实参不能是常量或表达式
C. 形参只能是变量　　　　　　　　　D. 形参可以是常量或表达式
4. 若有以下程序：

```
#include <stdio.h>
```

```
int fun(int a,int b,int c)
{
 c=a*b;
 return;
}
int main(void)
{
 int c;
 fun(2,3,c);
 printf("%d\n",c);
 return 0;
}
```

则程序的输出结果是_____。

    A. 0   B. 1   C. 6   D. 无定值

5. 能够正确地表示代数式 $\sqrt{\left|n^x + e^x\right|}$（其中，e 是自然常数）的 C 语言表达式是_____。

    A. sqrt（fabs（pow（n,x）+exp（x）））   B. sqrt（fabs（pow（n,x）+pow（e,x）））

    C. sqrt（abs（n^x+e^x））   D. sqrt（fabs（pow（x,n）+exp（x）））

6. 若有以下程序：

```
#include <stdio.h>
void fun(int a,int b)
{int t;
 t=a;
 a=b;
 b=t;
 return;
}
int main(void)
{int s[10]={1,2,3,4,5,6,7,8,9,0},i;
 for(i=0;i<10;i+=2)
    fun(s[i],s[i+1]);
 for(i=0;i<10;i++)
    printf("%d,",s[i]);
 return 0;
}
```

则程序的输出结果是_____。

    A. 2,1,4,3,6,5,8,7,0,9,   B. 1,2,3,4,5,6,7,8,9,0,

    C. 0,9,8,7,6,5,4,3,2,1,   D. 6,7,8,9,0,1,2,3,4,5

四、改错题

1. 程序功能：利用函数求两个数中的最大数（限定不使用全局变量）。

```
#include <stdio.h>
void max(int x,y,z)
{
```

```
if(x>y)
  z=x;
else
  z=y;
return;
}
int main(void)
{
int a,b,m;
scanf("%d%d",&a,&b);
max(a,b,m);
printf("最大数=%d\n",m);
return 0;
}
```

2. 编写求两个整数最大公约数的函数，并调用此函数求两个整数的最大公约数（限定不使用全局变量）。

```
#include <stdio.h>
void gcd()
{int m,n,r;
 while(1)
 {r=m%n;
  if(r==0)
     break;
  m=n;
  n=r;
 }
 return;
}
int main(void)
{int a,b,g;
 scanf("%d%d",&a,&b);
 m=a;
 n=b;
 gcd();
 g=n;
 printf("最大公约数=%d\n",g);
 return 0;
}
```

五、读程序写结果

1.

```
#include <stdio.h>
int fun(int a,int b)
{int c;
 printf("a=%d,b=%d\n",a,b);
 c=a-b;
```

```
  return c;
}
int main(void)
{int x=2,y;
 y=fun(x,x=x+1);
 printf("y=%d\n",y);
 return 0;
}
```

2.

```
#include <stdio.h>
int f(int k)
{int s=0;
 int i;
 for(i=1;i<=k;i++)
    s=s+i;
 return s;
}
int main(void)
{int s=0;
 int i,m=5;
 for(i=0;i<m;i++)
    {s=s+f(i);
     printf("s=%d\n",s);
    }
  return 0;
}
```

3

```
#include <stdio.h>
int fun(int n)
{int k=1;
 do
 {k*=n%10;
  n=n/10;
 }
 while(n);
 return(k);
}
int main(void)
{int n=456;
 printf("%d\n",fun(n));
 return 0;
}
```

4.

```
#include <stdio.h>
int f(int a)
{
```

```
     return(a%2);
}
int main(void)
{int s[10]={1,3,5,7,9,2,4,6,8,10},i,d=0;
 for(i=0;f(s[i]);i++)
    d+=s[i];
 printf("%d\n",d);
 return 0;
}
```

5.

```
#include <stdio.h>
void fun2(char a,char b)
{printf("%c %c ",a,b);
 return;
}
char a='A',b='B';
void fun1()
{a='C';
 b='D';
 return;
}
int main(void)
{fun1();
 printf("%c %c ",a,b);
 fun2('E','F');
 return 0;
}
```

6.

```
#include <stdio.h>
int fun(int n)
{static int f = 1;
 int i;
 for(i=1; i<=n; i++)
    f=f*i;
 return(f);
}
int main(void)
{int i;
 for(i=2; i<=4; i++)
    printf("%d\n",fun(i));
 return 0;
}
```

六、补足程序

1. 程序功能：找出能被 3 整除且至少有一位是 5 的两位正整数，在被调函数中输出符合条件的整数并统计其个数。

```
#include <stdio.h>
int cnt(int k)
{static int n=0;
 int d0,d1;
 d0=k%10;
 d1=k/10;
 if(k%3==0 && (_____(1)_____))
 {printf("%d\n",k);
  _____(2)_____;
 }
 return n;
}
int main(void)
{int c=0,k;
 for(k=10;k<=99;k++)
     c=_____(3)_____;
 printf("符合条件的整数个数=%d\n",c);
 return 0;
}
```

2. 对 4～1000 的偶数, 验证哥德巴赫猜想。

```
#include <stdio.h>
int isprime(int m)
{int i;
 for(i=2;i<=m-1;i++)
 {if(m%i==0)
    return(0);
 }
 return(1);
}
int main(void)
{int n,i;
 for(n=4;n<=1000;n+=2)
    {for(i=2;____(1)____;i++)
        if(_____(2)_____)
           {printf("%d=%d+%d\n",n,i,n-i);
            _____(3)_____;
           }
    }
 return 0;
}
```

3. 如果一个正整数的真因子之和与其本身恰好相等, 则称为完全数。编写判断完全数的函数, 然后在主函数中调用它并求出 10000 以内的所有完全数。

```
#include <stdio.h>
int iscomp(int n)
{int sum,i;
 sum=0;
```

C 语言程序设计训练教程

```
 for(i=1;_____(1)_____;i++)
 {if(_____(2)_____)
   sum+=i;
 }
 if(sum==n)
  return ___(3)___;
 else
  return ___(4)___;
 }
int main(void)
{int i;
 printf("10000 以内的完全数:\n");
 for(i=1;i<=10000;i++)
  if(iscomp(i))
   printf("%d\n",i);
  return 0;
}
```

4. 将在主函数中输入的整数，在被调函数中实现倒置。

```
#include <stdio.h>
long rev(long a)
{long r=0;
 short d;
 while(_____(1)_____)
  {d=a%10;
   r=_____(2)_____;
   a=_____(3)_____;
  }
 return(r);
}
int main(void)
{long x,r;
 printf("请输入一个正整数:");
 scanf("%ld",&x);
 r=rev(x);
 printf("倒置之后的整数=%ld\n",r);
 return 0;
}
```

七、编程题

说明：以下程序均限定不能使用全局变量在函数之间传递数据。

1. 在主函数中输入一个字符 ch 和一个正整数 n，然后在被调函数中输出由 n 行字符 ch 构成的等腰三角形。例如，当 ch 取'#'、n 取 5 时，输出如图 9.1 所示的图形。

2. 编写求 n!的函数,然后在主函数中调用它求出 1!+3!+5!+…+19! 的值。

```
    #
   ###
  #####
 #######
#########
```

图 9.1 由字符构成
的等腰三角形

3 在主函数中输入一个正整数，然后在被调函数中求出其总位数，最后在主函数中输出结果。

4. 编写程序求出所有的水仙花数，其中判断某一个正整数是否是水仙花数在被调函数中完成。

5. 在主函数中输入两个正整数，然后在被调函数中求出它们的最小公倍数，最后在主函数中输出结果。

6. 在主函数中输入一个日期中年、月、日的值，然后在被调函数中求出这一天是当年的第几天，最后在主函数中输出结果。

7. （1）在主函数中输入一个精度值，然后在被调函数中利用公式 $\frac{\pi}{2}=1+\frac{1}{3}+\frac{1}{3}\times\frac{2}{5}+\frac{1}{3}\times\frac{2}{5}\times\frac{3}{7}+\cdots$ 计算 π 的近似值，直到某一项的值小于给定的精度值时停止累加，最后在主函数中输出结果。

（2）在主函数中输入一个有效数字位数，然后在被调函数中利用公式 $\frac{\pi}{2}=1+\frac{1}{3}+\frac{1}{3}\times\frac{2}{5}+\frac{1}{3}\times\frac{2}{5}\times\frac{3}{7}+\cdots$ 计算 π 的近似值，直到达到给定的有效数字位数，最后在主函数中输出结果。

8. 在主函数中输入一个实数 x 和正整数 n，然后在被调函数中将实数 x 四舍五入到小数点后第 n 位（指内部精度而非输出精度），最后在主函数中输出结果。

第三单元　习题参考答案及解析

一、判断题

1. 错误。

解析：被调函数只有使用 return 语句传递给主调函数的数据，才称为被调函数的返回值；而用其他方式传递的数据不能称为返回值。

2. 正确。

解析：出现在表达式中的函数调用需要参与运算，因此必须有返回值。所以，无返回值的函数调用不能出现在表达式中，而只能用作语句。

3. 错误。

解析：一个函数有没有返回值与有没有参数没有必然联系。故无参函数和有参函数都可以根据需要有返回值或者没有返回值。

4. 错误。

解析：实参与形参的类型并不要求必须相同，也可以是赋值兼容。例如，若形参是整型，则实参可以是实型或字符型。在参数传递时，会自动进行类型转换，与不同类型之间相互赋值的情况类似。

5. 正确。

解析：只要作用域不同，多个局部变量是可以同名的，而且是相互独立的。

6. 错误。

解析：一个 C 语言程序可以包括多个源程序文件，在默认情况下，全局变量的定义域仅限于定义它的程序文件，即从其定义点开始，直至这个程序文件的末尾。不过，可以通过声明外部全局变量，将其作用域扩展到其他程序文件中。

7. 错误。

解析：未做特别说明的全局变量都是外部全局变量，而不是静态全局变量。

二、填空题

1. 相同　赋值兼容

解析：实参与形参的类型既可以相同，也可以具有赋值兼容的关系。

2. 实参　形参

解析：C 语言函数的参数传递是单向传递。

3. 1　0

解析：有返回值的函数的一次调用，只能有 1 个返回值；而 void 类型的函数有 0 个返回值。

4. 'd'

解析：因为该函数类型为 char 型，所以会将返回值 100 转化为字符型的'd'（其 ASCII 码为 100）。

5. 局部

解析：只要是在函数内部定义的变量，都是局部变量，包括在函数头中定义的形参和在函数体中定义的变量。

6. 运行（或执行）

解析：静态局部变量仅在程序运行之前将可执行程序装入内存时分配内存，并进行唯一的一次初始化，而在整个程序运行过程中不再进行初始化。

三、选择题

1. B

解析：C 语言中所有三角函数参数的单位都是弧度。

2. D

解析：log10 是计算常用对数的函数，log 是计算自然对数的函数。当调用库函数时，只需给出函数名与实参即可，不需要给出返回值与参数的类型。

3. C

解析：因为参数的传递实际上就是一种赋值运算，即将实参的值赋给对应的形参。由于形参位于赋值运算符的左侧，要求形参只能是变量；由于实参位于赋值运算符的右侧，故实参既可以是变量，也可以是常量或者表达式。

4. D

解析：C 语言的参数传递是单向传递。在调用函数 fun 时，将实参 2、3 和 c 的值分别传递给形参 a、b 和 c；但是在函数 fun 返回时，并不能将形参 c 的值传递给实参 c。因此，主函数中变量 c 的值将保持不变，它始终未赋值，仍然是一个不确定的值。

5. A

解析：计算平方根和绝对值的函数分别是 sqrt 和 fabs，计算乘方的函数是 pow，而计算 e^x 有一个专门的 exp 函数。

6. B

解析：C 语言的参数传递是单向传递，因此不管函数 fun 中形参 a、b 的值如何变化，都不再传递给主函数中的实参 s[i]、s[i+1]。所以，主函数中数组 s 所有元素的值将会保持不变。

四、改错题

1.
错误点 1：未定义形参 y、z 的类型，应该明确定义每一个形参的类型。

错误点 2：试图将形参 z 的值传递给实参 m。C 语言的参数只能单向传递，因此 max 函数中形参 z 的值（求得的最大值）不能传递给实参 m。

改正方法：由于限定不能采用全局变量的形式将最大值传回主函数中，所以只能采用返回值的形式将最大值传回主函数中，即去掉函数 max 的第三个形参 z，将变量 z 的定义点移到函数体中；将函数 max 的类型改为 int 型，并将 z 的值作为函数的返回值，然后对主函数中的函数调用语句进行相应修改。

改正后的源程序：

```
#include <stdio.h>
int max(int x,int y)
{
 int z;
 if(x>y)
   z=x;
 else
   z=y;
 return z;
}
int main(void)
{
 int a,b,m;
 scanf("%d%d",&a,&b);
 m=max(a,b);
 printf("最大数=%d\n",m);
 return 0;
}
```

2.
错误点：变量 m、n 是在函数 gcd 中定义的局部变量，只能在本函数中引用，而不能在 main 函数中直接引用。在主函数中，既不能在函数 gcd 调用之前将变量 a、b 的值直接赋给 m、n，也不能在函数 gcd 返回之后将变量 n 的值直接赋给变量 g。

改正方法：由于限定不能使用全局变量的形式在函数之间传递数据，所以只能通过参数和返回值在两个函数之间传递数据。首先，需要将主函数中变量 a、b 的值传递给函数 gcd 中的变量 m、n，故以 a、b 为实参，将 m、n 定义为对应的形参。其次，可以采用返回值的形式将函数 gcd 中求得的最大公约数 n 的值传递到主函数中。

改正后的源程序：

```
#include <stdio.h>
int gcd(int m,int n)
{int r;
```

```
    while(1)
    {r=m%n;
     if(r==0)
        break;
     m=n;
     n=r;
    }
    return n;
    }
    int main(void)
    {int a,b,g;
     scanf("%d%d",&a,&b);
     g=gcd(a,b);
     printf("最大公约数=%d\n",g);
     return 0;
    }
```

五、读程序写结果

1. 运行结果:

```
a=3,b=3
y=0
```

解析:在 C 语言中,函数调用时参数的求值顺序没有标准的规定,多数编译器是从右向左的顺序。因此,在调用函数 fun(x, x=x+1)时,最终函数调用形式为 fun(3, 3)。

2. 运行结果:

```
s=0
s=1
s=4
s=10
s=20
```

解析:函数 f 的功能是计算 1~k 的累加和。在主函数中,共进行 5 次函数调用,实参分别是 0~4,因此返回值分别是 0,1,3,6,10。在主函数中,又对每次调用的返回值进行累加,故每次的累加结果为 0,1,4,10,20。

3. 运行结果:

```
120
```

解析:函数 fun 中 k*=n%10;的功能是将形参 n 的个位数字分离出来并累乘到变量 k 中。而 n=n/10;的功能是从 n 中去掉原来的个位数,为分离下一位数做好准备。while(n)等价于 while(n!=0),表示直到 n 的值变成 0。函数 fun 的功能,就是将形参 n 的每一位数字分离出来并累乘到变量 k 中。由于实参 n 的值为 456,故累乘的结果为 4*5*6=120。

4. 运行结果:

```
d=25
```

解析:函数 f 的返回值是形参 a 除以 2 的余数。在主函数的 for 循环中,循环条件 f(s[i])等价于 f(s[i])!=0。因此,当函数 f 的返回值为 1 时,继续循环;当函数 f 的返回值第一次变为 0 时,结束循环。故当 s[i]的值为 2 时,退出循环,变量 d 的累加和为 1+3+5+7+9=25。

5. 运行结果:

```
C D E F
```

解析：在函数 fun2 与 fun1 之间定义的变量 a、b 为全局变量，因此函数 fun1 中的 a、b 和主函数中的 a、b 是相同的变量。在调用函数 fun1 时，对全局变量 a、b 重新进行赋值，故返回主函数之后输出 a、b 的最新值'C'、'D'。

在函数 fun2 中的形参 a、b 为局部变量，分别接收两个实参的值'E'、'F'，故在函数 fun2 中输出形参 a、b 的值为'E'、'F'。

6. 运行结果：

```
2
12
288
```

解析：函数 fun 的功能是将 1～n 累乘到变量 f 中。不过需要注意，变量 f 是一个静态局部变量，即变量 f 在程序执行之前完成初始化而且在函数 fun 返回时不释放内存。

在主函数中对 fun 函数进行了 3 次调用。在第一次调用时，f 初值为 1，形参 n 的值为 2，故第一次返回时，f 的值为 1*1*2=2；第二次调用时，f 的值为 2（保持上一次返回时的值），形参 n 的值为 3，故第二次返回时，f 的值为 2*1*2*3=12；第三次调用时，f 的值为 12（保持上一次返回时的值），形参 n 的值为 4，故第三次返回时，f 的值为 12*1*2*3*4=288。

六、补足程序

1.
（1）（d0==5||d1==5）   //个位为 5 或十位为 5
（2）n++   //加 1 计数
（3）cnt（k）   //以 k 为实参调用 cnt 函数

解析：由于本程序要求在被调函数中统计符合条件的整数的个数，故将变量 n 定义为静态局部变量，从而在函数返回时保留其值，以便于下次调用时继续引用上次返回时的值。

2.
（1）i<=n/2
（2）isprime（i）&&isprime（n-i）
（3）break

解析：函数 isprime 的功能是判断形参 m 是否为素数，是则返回 1，否则返回 0。主函数的功能是将 4～1000 的偶数，拆分为两个整数并判断这两个整数是否为素数。若能成功地将某个偶数拆分为两个素数之和，则输出拆分结果。

在主函数中，尝试将 n 拆分为两个整数 i 与 n-i，并验证 i 与 n-i 是否为素数。其中，i 的取值应为 2～n/2（相应地，n-i 的取值为 n/2～n-2）。判断 i 与 n-i 是否同时为素数的条件应表示为 isprime（i）&&isprime（n-i），等价于 isprime（i）!=0&&isprime（n-i）!=0。若条件为真，则输出拆分结果并跳出内循环。

3.
（1）i<=n/2
（2）n%i==0
（3）1
（4）0

解析：函数 iscomp 的功能是判断形参 n 是否为完全数，若是则返回 1，否则返回 0。

其中，for 循环用于找出 n 的所有真因子并累加求和，之后的 if 语句判断是否满足完全数的条件。由于 n 的最大真因子不会大于 n/2，故循环条件为 i<=n/2。判断 i 是否为 n 的因子的条件应为 n%i==0。最后，若满足完全数的条件则返回 1，否则返回 0。

4.

（1）a!=0 或 a>0

（2）r*10+d

（3）a/10

解析：函数 rev 的功能是将形参 a 中的整数前后倒置。实现方法是从形参 a 中分离出最低位，然后将这一位数追加到变量 r 中，从而构造倒置之后的整数。再从形参 a 中去掉最低位，循环执行，直至 a 的值变成 0。while 循环的条件应为 a!=0 或 a>0。将分离出来的最低位数 d 追加到变量 r 中的方法，是将 r 原有的值乘以 10（左移一位）再加上 d 的值。将 a 的值整除以 10 再赋给 a，即可去掉 a 的最低位。

七、编程题

1.

编程思路：

在主函数中输入图形元素字符与三角形的行数，并以实参形式传递给被调函数中的形参 ch 与 n。采用双重循环实现指定图形的打印。用外循环控制打印的行号，用两个平行的内循环实现一行的打印。第一个内循环打印每行前部的空格，第 i 行的空格个数为 n–i 个；第二个内循环打印每行后部的给定字符，第 i 行的字符个数为 2*i–1 个。

源程序：

```
#include <stdio.h>
void printstar(char ch,int n)
{int i,j;
 for(i=1;i<=n;i++)
   {for(j=1;j<=n-i;j++)
      printf(" ");
    for(j=1;j<=2*i-1;j++)
      printf("%c",ch);
    printf("\n");
   }
 return;
}
int main(void)
{char ch;
 int n;
 ch=getchar();
 scanf("%d",&n);
 printstar(ch,n);
 return 0;
}
```

2.

编程思路：

首先编写求 n!的函数，然后在主函数中循环调用该函数，从而求得 1，3，5，…，19 的阶乘，并将所求得的阶乘值累加求和。

源程序：

```
#include <stdio.h>
double fact(int k)
{double p=1;
 int i;
 for(i=1;i<=k;i++)
    p=p*i;
 return(p);
}
int main(void)
{double s=0;
 int i;
 for(i=1;i<=19;i+=2)
    s=s+fact(i);
 printf("s=%.0f\n",s);
 return 0;
}
```

3.

编程思路：

在主函数中输入一个正整数，并作为实参传递给被调函数中相应的形参 a。在被调函数中，若形参 a 不等于 0，则通过被 10 整除去掉形参 a 中目前的个位，并对变量 n 进行加 1 计数。依此循环，直至 a 变成 0，最后得到 n 的值就是形参 a 的总位数。

源程序：

```
#include <stdio.h>
int len(long a)
{int n=0;
 while(a!=0)
   {a=a/10;
    n++;
   }
 return(n);
}
int main(void)
{long x;
 int n;
 printf("请输入一个正整数:");
 scanf("%ld",&x);
 n=len(x);
 printf("整数总位数=%d\n",n);
 return 0;
}
```

4.

编程思路：

在被调函数中分离出三位正整数 n 的各位数字，并判断是否符合水仙花数的条件。若符合条件，则返回 1，否则返回 0。然后在主函数中对每个三位正整数调用被调函数，判断是否是水仙花数。

源程序：

```
#include <stdio.h>
int sxh(int n)
{int a,b,c;
 a=n/100;              /*分离出 n 的百位数*/
 b=n%100/10;           /*分离出 n 的十位数*/
 c=n%10;               /*分离出 n 的个位数*/
 if(a*a*a+b*b*b+c*c*c==n)          /* 若用 pow 函数，则有可能产生误差 */
  return 1;
 else
  return 0;
}


int main(void)
{int  x;
 for(x=100;x<=999;x++)
   {if(sxh(x))                     /* 等价于 if(sxh(x)!=0) */
     printf("%d 是水仙花数\n",x);
   }
 return 0;
}
```

5.（1）方法一

编程思路：

在被调函数中，首先通过辗转相除法求出两个正整数 m、n 的最大公约数，然后以 m、n 的乘积除以最大公约数，即得最小公倍数。

源程序：

```
#include <stdio.h>
int lcm(int m,int n)
{int p,r,h;
 p=m*n;
 while((r=m%n)!=0)      /*余数不为 0 时循环*/
   {m=n;                /*以上一次的除数作为新的被除数*/
    n=r;                /*以上一次的余数作为新的除数*/
   }
 g=n;                   /*余数为 0 时对应的除数即最大公约数*/
 h=p/g;                 /*两数之积除以最大公约数就是最小公倍数*/
 return h;
}
int main(void)
{int a,b,g;
 printf("请输入两个正整数: \n");
 scanf("%d%d",&a,&b);
```

```
  g=lcm(a,b);
  printf("最小公倍数=%d\n",g);
  return 0;
}
```

（2）方法二

编程思路：

在被调函数中，按照由小到大的顺序取两个正整数中较大数 m 的整数倍作为被除数，以另一个数 n 作为除数，相除求余数。当余数为 0 时，对应的被除数就是两个正整数的最小公倍数。

源程序：

```
#include <stdio.h>
int lcm(int m,int n)
{int h,t,i;
 if(m<n)               /*若m<n，则将变量m,n的值相交换*/
   {t=m;
    m=n;
    n=t;
   }
 for(i=1;i<=n;i++)
   {h=m*i;             /*h是m的倍数*/
    if(h%n==0)         /*此时h是最小公倍数*/
     break;
   }
 return h;
}
int main(void)
{int a,b,g;
 printf("请输入两个正整数：\n");
 scanf("%d%d",&a,&b);
 g=lcm(a,b);
 printf("最小公倍数=%d\n",g);
 return 0;
}
```

6.

编程思路：

在主函数中输入年、月、日的值，并作为实参传递给被调函数中相应的形参 y、m、d。在被调函数中，通过初始化的方式将每个月的天数存入一个一维数组中，其中二月份暂时取 28 天。为了直观方便，该数组可以保留 13 个元素，其中的 0 号元素弃之不用。

首先，根据年份 y 的值判断是否为闰年。若是闰年，则将数组中二月份的天数改为 29 天。然后，累加计算 1 月到 m−1 月的总天数。最后，加上当前的日数，即得从这一年的第一天到这一天的总天数。

源程序：

```
#include <stdio.h>
int sumdays(int y,int m,int d)
```

```
{int mon[13]={0,31,28,31,30,31,30,31,31,30,31,30,31};
 int i,days=0;
 if(y%4==0&&y%100!=0||y%400==0)
   mon[2]=29;
 for(i=1;i<m;i++)
   days=days+mon[i];
 days=days+d;
 return(days);
}
int main(void)
{int year,month,day,days;
 printf("请输入年月日(以空格分隔):");
 scanf("%d%d%d",&year,&month,&day);
 days=sumdays(year,month,day);
 printf("是该年的第%d 天\n",days);
 return 0;
}
```

7.（1）

编程思路：

在被调函数中利用累加的方法计算 π 的近似值。累加项 t 的值利用累乘的方法求得，第 1 项为 1，从第 2 项开始的每一项等于其前一项乘上 n/（2*n+1）。其中，n 依次取从 1 开始的正整数。当累加项的值大于或等于给定的精度值时，循环执行上述累加过程。

源程序：

```
#include <stdio.h>
#include <math.h>
double pi(double eps)
{double s,t;
 int n;
 s=0;
 t=1;
 for(n=1;t>=eps;n++)
   {s=s+t;
    t=t*n/(2*n+1);
   }
 s=s*2;
 return(s);
}
int main(void)
{double e;
 printf("请输入精度值:\n");
 scanf("%lf",&e);
 printf("圆周率近似值=%.20f\n",pi(e));
 return 0;
}
```

（2）

编程思路：

在被调函数中利用累加的方法计算 π 的近似值。累加项 t 的值利用累乘的方法求得，第 1 项为 1，从第 2 项开始的每一项等于其前一项乘上 n/（2*n+1）。其中，n 依次取从 1 开始的正整数。当累加项的值未超过给定的有效数字位数时，循环执行上述累加过程。

源程序：

```
#include <stdio.h>
#include <math.h>
double pi(int m)
{double s,t;
 int n;
 s=0;
 t=1;
 for(n=1;t>=pow(0.1,m);n++)
   {s=s+t;
    t=t*n/(2*n+1);
   }
 s=s*2;
 return(s);
}
int main(void)
{int n;
 printf("请输入有效数字位数:\n");
 scanf("%d",&n);
 printf("圆周率近似值=%.20f\n",pi(n));
 return 0;
}
```

8.

编程思路：

要将实数 x 四舍五入到小数点后第 n 位，首先令 x 乘以 10^n，也就是让小数点右移 n 位。然后加上 0.5，也就是在原数小数点后第 n+1 位加上 5；若这一位大于或等于 5，则会产生进位 1；若这一位小于 5，则不会产生进位；从而达到四舍五入的效果。然后，将 x 的值进行向下取整，即只保留到原数小数点后第 n 位。最后，再令 x 除以 10^n，也就是让小数点左移 n 位，即可获得四舍五入到小数点后第 n 位的实数 x。

源程序：

```
#include <stdio.h>
#include <math.h>
double prec(double x,int n)
{int i;
 for(i=1;i<=n;i++)
   x=x*10;
 x=x+0.5;
 x=floor(x);          /*对 x 向下取整*/
 for(i=1;i<=n;i++)
   x=x/10;
 return(x);
}
```

```
int main(void)
{double x;
 int n;
 printf("请输入一个实数和一个正整数:\n");
 scanf("%lf%d",&x,&n);
 x=prec(x,n);
 printf("四舍五入之后的结果=%f\n",x);
 return 0;
}
```

第四单元   实 验 指 导

实验一

一、实验目的

掌握函数的定义和调用的一般程序设计方法及其调试方法。

二、实验要求

1. 仔细阅读下列实验内容，并编写相应的 C 语言源程序。
2. 在 C 语言运行环境下，编辑录入源程序。
3. 调试运行源程序，注意观察调试运行过程中发现的错误及改正方法。
4. 掌握根据出错信息查找语法错误的方法。
5. 最后提交带有充分注释的源程序文件（扩展名为 c）。要求该文件必须能够正确地编译及运行，并不得与他人作品雷同。

三、实验内容

1. 函数 mypow 的功能是计算 x 的 n 次幂的值（其中 n 为整数）。调试运行该程序，并改正其中的错误，限定不能调用数学类库函数。

```
#include <stdio.h>
void mypow(float x,n)
{int y=1,i;
 if(n<0)
   n=-n;
 for(i=1;i<=n;i++)
   y=y*x;
 if(n<0)
   y=1/y;
 return y;
}
int main(void)
{float x,y;
 int i;
```

```
printf("请输入 x 的值: \n");
scanf("%f",&x);
for(i=-10;i<=10;i++)
  {y=mypow(x,i);
   printf("i=%d,y=%.2f\n",i,y);
  }
return 0;
}
```

2. 在主函数中输入年份、月份的值，然后在被调函数中求出这个月的天数，最后在主函数中输出结果。

实验二

一、实验目的

掌握函数应用程序设计的一般方法及其调试方法。

二、实验要求

1. 仔细阅读下列实验内容，并编写相应的 C 语言源程序。
2. 在 C 语言运行环境下，编辑录入源程序。
3. 调试运行源程序，注意观察调试运行过程中发现的错误及改正方法。
4. 掌握根据出错信息查找语法错误的方法。
5. 最后提交带有充分注释的源程序文件（扩展名为 c）。要求该文件必须能够正确地编译及运行，并不得与他人作品雷同。

三、实验内容

1. 以下程序的功能是将一个 n 进制的正整数（n 为 2～9）转化为十进制形式。将该程序补充完整，并调试运行从而获得正确的结果。

```
#include <stdio.h>
int ntod(int x,int n)
{int d=0,w=1,b;
 while(x!=0)
   {b=_____;
    d=d+b*w;
    x=_____;
    w=_____;
   }
 return d;
}
int main(void)
{int n,x,d;
 printf("请输入一个正整数及其进制基数: \n");
 scanf("%d%d",&x,&n);
 d=ntod(x,n);
 printf("对应的十进制数=%d\n",d);
```

```
    return 0;
}
```
测试用例：

10011 2
对应的十进制数=19

63 8
对应的十进制数=51

2. 编写程序实现在主函数中输入一个日期中年、月、日的值，然后在被调函数中求出从公元 1 年 1 月 1 日到这一天的总天数，最后在主函数中输出结果。

第 10 章 函 数 进 阶

第一单元 重点与难点解析

1. 何时需要使用指针参数?

当需要在被调函数中对主调函数中定义的局部变量的值进行更改时,必须使用指针参数。

2. 指针参数的功能是什么?

指针作为函数参数,实际上实现了局部变量的跨函数间接引用。通常是在被调函数中间接引用主调函数中的局部变量,而极少会在主调函数中间接引用被调函数中的局部变量。

3. 如何实现局部变量的跨函数间接引用?

(1)将主调函数中定义的、需要在被调函数中进行更改的变量的地址作为实参。

(2)在被调函数中定义与地址实参的类型一致的指针变量作为形参。

(3)在被调函数中通过指针形参间接引用主调函数中对应的局部变量并进行更改。

4. 何时使用普通变量作形参,何时使用指针变量作形参?

若在被调函数中,只是引用主调函数中某个变量的值,而并不需要更改该变量的值,则应该定义为普通形参。若需要在被调函数中更改该变量的值,则必须以指针变量作为形参。

5. 为什么在被调函数中更改主调函数中数组的值时,不需要将每个元素的地址都定义为实参呢?

这是因为数组元素的地址是连续的,因此只要将主调函数中数组的首地址传递到被调函数中,即可求出其他元素的地址,故不需要将每个元素的地址都定义为实参。

6. 为什么主调函数在以一维数组名为实参调用被调函数时,还要将数组长度作为另一个单独的参数呢?

这是因为在主调函数中,当以一维数组名作为实参时,只是传递了数组的首地址,并不包含数组长度的信息所以需要用另一个参数专门传递一维数组的长度。

7. 为什么在有的程序中,并不需要在被调函数中更改主调函数中数组元素的值,却仍然采用数组元素的地址作为被调函数的实参呢?

这是因为数组元素的数量较多,若将每个数组元素都定义为被调函数的参数,则导致程序烦琐。反之,若将数组的首地址定义为实参,则程序更加简洁、通用,而且空间与时间占用较少。因此,即使不需要在被调函数中更改主调函数中数组元素的值,也仍然采用数组的首地址作为被调函数的实参。

8. 为什么可以对形参数组名进行赋值?

从本质上来说,形参数组并不是数组,而是指针变量。只是为了直观才表示成数组的形式,故其数组名可以赋值。

9. 既然 C 语言的参数都是单向传递的,为什么更改形参数组元素的值能够影响实参数组呢?

从本质上来说,形参数组并不存在。形参数组元素不过是实参数组元素的间接引用形式，只是为了直观才表示成数组元素的形式。因此，更改形参数组元素的值，实际上就是更改实参数组元素的值。

*10. 若希望在被调函数中间接引用主调函数中的二维数组元素，应该以什么地址作为被调函数的实参呢？

若要在被调函数中间接引用主调函数中的二维数组元素，应该以二维数组的首地址作为被调函数的实参。因为二维数组的首地址实际上是一个行指针，通过该行指针即可求出二维数组中每个元素的地址，进而对二维数组的元素进行间接引用。

*11. 当以二维数组的首地址作为被调函数的实参时，为什么通常还要以二维数组的行数作为另一个实参呢？

这是因为二维数组的首地址实际上是一个行指针，在行指针中包含二维数组列数的信息，但并不包含二维数组行数的信息。若要在被调函数中表示出二维数组中所有元素的地址，必须知道二维数组的首地址及行数与列数。因此，需要另外设置一个参数，用来传递二维数组的行数。

*12. 如何在被调函数中，间接引用主调函数中的二维数组元素呢？

首先在被调函数中定义两个形参，一个是行指针变量（如 int *p[N]）用于接收二维数组的首行地址，一个是整型变量（如 int m）用于接收二维数组的行数。那么，主调函数中的二维数组中第 i 行、第 j 列的元素，可以在被调函数中表示为*(*(p+i)+j)。为了直观，也可以表示为二维数组元素形式的 p[i][j]。

13. 为什么返回指针的函数不允许返回本函数中自动变量或数组的地址？

因为这种变量或数组的存储空间将在当前函数返回时被释放，从而导致该地址指向未分配的内存空间。

14. 为什么指针可以指向函数呢？

因为程序运行时，一个函数的可执行代码是存储于内存并占有一定内存单元的，所以指针指向一个函数，实际上就是指向该函数所占内存区的首地址单元。

15. 指向函数的指针有何用途呢？

指向函数的指针最常见的用途就是作为另一个函数的参数。

16. 哪类问题适合用递归程序解决呢？

如果一个问题的解决可以分解为特殊与一般两种情况，其中，特殊情况能够很容易解决，而一般情况可以转化为类似而更简单的问题，并最终转化为特殊情况予以解决，那么这个问题适合用递归程序解决。

17. 如何编写递归函数？

一般采用选择结构实现，首先写出针对特殊情况的处理方式。然后写出非特殊情况下，如何通过调用函数自身完成相应的处理。而这种反复调用，应最终转化为已定义好的特殊情况。

第二单元 习 题

一、判断题

1. 当用指针作为函数参数时，能够更改主调函数中变量的值。因此，此时的参数是双向传递。（　　　）

2. 可以对形参数组名进行赋值。(　　　)

3. 一个函数的函数名代表了该函数的代码在内存中的首地址。(　　　)

4. 对于形参数组元素的任何更改，都会影响到对应的实参数组元素。(　　　)

5. 当二维数组名作函数实参时，需要通过另一个实参向被调函数传递该数组的列数。
(　　)

二、选择题

1. 形参数组与实参数组在内存空间是_____的。

A. 相互独立　　　B. 完全重叠　　　C. 部分重叠　　　D. 随机存储

2. 不能通过指针型函数返回其地址的变量是_____。

A. 全局变量　　　B. 静态局部变量　C. 自动变量　　　D. 主调函数中定义的变量

3. 若有以下程序：

```
#include <stdio.h>
void f(int *q,int n)
{int i;
 for(i=0;i<n;i++)
   (*q)++;
 return;
}
int main(void)
{int a[5]={1,2,3,4,5},i;
 f(a,5);
 for(i=0;i<5;i++)
   printf("%d,",a[i]);
 return 0;
}
```

则程序的输出结果是_____。

A. 2, 3, 4, 5, 6　　　　　　　　B. 2, 2, 3, 4, 5

C. 6, 2, 3, 4, 5　　　　　　　　D. 1, 2, 3, 4, 5

4. 若有以下程序：

```
#include <stdio.h>
void fun(int a[][4],int b[],int m)
{int i,j;
 for(i=0;i<m;i++)
   {b[i]=a[i][0];
    for(j=0;j<4;j++)
      if(a[i][j]>b[i])
        b[i]=a[i][j];
   }
 return;
}
int main(void)
{int x[3][4]={{1,2,33,4},{50,600,7,8},{99,10,11,120}},y[3],i;
 fun(x,y,3);
```

```
  for(i=0;i<3;i++)
    printf("%d,",y[i]);
  return 0;
}
```

则程序的输出结果是_____。

    A. 1, 50, 99,   B. 33, 600, 120,

    C. 1, 7, 10,   D. 4, 8, 120,

    5. 若有以下程序：

```
#include <stdio.h>
int *fun(int *s,int *t)
{if(*s<*t)
  s=t;
 return s;
}
int main(void)
{int a=3,b=6,*p=&a,*q=&b,*r;
 r=fun(p,q);
 printf("%d,%d,%d\n",*p,*q,*r);
 return 0;
}
```

则程序的输出结果是_____。

    A. 3, 3, 6   B. 3, 6, 6   C. 6, 3, 3   D. 6, 6, 3

    6. 若有以下程序：

```
#include <stdio.h>
#include <math.h>
int main(void)
{double (*pf)(double,double);
 pf=pow;
 ……
 return 0;
}
```

则以下用于计算 x 的 y 次方的函数调用形式中错误的是_____。

    A. pow（x, y）   B. pf（x, y）   C. （*pf）（x, y） D. *pf（x, y）

    7. 若有以下程序：

```
#include <stdio.h>
void convert(char ch)
{if(ch<'X')
  convert(ch+1);
 printf("%c",ch);
 return;
}
int main(void)
{convert('W');
 return 0;
}
```

则程序的输出结果是_____。

A. WX   B. VW   C. XX   D. XW

8. 若有以下程序：

```c
#include <stdio.h>
int fun(int x)
{
 if(x>10)
   {printf("%d-",x%10);
    fun(x/10);
    }
 else
   printf("%d",x);
 return;
}
int main(void)
{
 int z=123456;
 fun(z);
 return 0;
}
```

则程序的输出结果是_____。

A. 1-2-3-4-5-6-   B. 1-2-3-4-5-6   C. 6-5-4-3-2-1-   D. 6-5-4-3-2-1

三、填空题

1. 当一维数组名用作函数实参时，其对应的形参是_____。此时，通常需要设置另一个实参，用于传递_____。

2. 若主函数中有二维数组 int a[5][6]，当以数组名 a 为实参时，对应的形参 p 的定义形式为_____。此时，通常需要设置另一个实参，用于传递_____。

3. 返回指针的函数的返回值，不能是在本函数中定义的_____变量的地址值。

4. 若有函数原型 float fun(float x),则指向该函数的指针变量 p 的定义形式为_____。

四、读程序写结果

1.

```c
#include <stdio.h>
void swap(int *pa,int pb)
{
 int temp;
 temp=*pa;
 *pa=pb;
 pb=temp;
 return;
}
int main(void)
{
 int a,b;
```

```
a=123;
b=456;
swap(&a,b);
printf("a=%d,b=%d\n",a,b);
return 0;
}
```

2.
```
#include <stdio.h>
void inv(int *r,int n)
{
 int i,j,t;
 for(i=0,j=n-1;i<j;i+=2,j-=2)
 {t=*(r+i);
  *(r+i)=*(r+j);
  *(r+j)=t;
 }
 return;
}
int main(void)
{
 int a[10]={1,2,3,4,5,6,7,8,9,10},i;
 inv(a,10);
 for(i=0;i<10;i++)
   printf("%d ",a[i]);
 return 0;
}
```

3.
```
#include<stdio.h>
void tran(char a[])
{char t;
 int i,j;
 for(j=0,i=0;a[i];i++)
  if(a[i]>='a'&&a[i]<='z')
    a[j++]=a[i]-32;
 a[j]=0;
 return;
}
int main(void)
{char s[100]="ab123c6de8gHK";
 tran(s);
 puts(s);
 return 0;
}
```

4.
```
#include <stdio.h>
int fun(int n)
{
 int f;
 if(n==1)
   f=1;
```

第
10
章

函
数
进
阶

```
    else if(n==2)
      f=2;
    else
      f=fun(n-2)*fun(n-1);
    return(f);
}
int main(void)
{
  int y;
  y=fun(6);
  printf("y=%d\n",y);
  return 0;
}
```

五、改错题

1. 程序功能：在被调函数中将三个整数按升序排序（限定不能使用全局变量）。

```
#include<stdio.h>
void swap(int pa,int pb)
{int temp;
  temp=pa;
  pa=pb;
  pb=temp;
  return;
}
void sort(int p,int q,int r)
{
  if(p>q)
    swap(p,q);
  if(p>r)
    swap(p,r);
  if(q>r)
    swap(q,r);
  return;
}
int main(void)
{int a,b,c;
  printf("请输入三个整数：\n");
  scanf("%d%d%d",&a,&b,&c);
  sort(a,b,c);
  printf("排序之后的结果：\n");
  printf("a=%d,b=%d,c=%d\n",a,b,c);
  return 0;
}
```

2. 程序功能:在被调函数中求出 n 个数中的最大数及最小数(限定不能使用全局变量)。

```
#include<stdio.h>
#define N 20
```

```
float max_min(float a[],int n,float pmin)
{float max,min;
 int i;
 max=min=a[0];
 for(i=1;i<=n-1;i++)
   {if(a[i]>max)
     max=a[i];
    if(a[i]<min)  /*或else if(a[i]<min)*/
     min=a[i];
   }
 pmin=min;
 return(max);
}
int main(void)
{float x[N],max,min;
 int i;
 printf("请输入%d个数：\n",N);
 for(i=0;i<N;i++)
   scanf("%f",&x[i]);
 max=max_min(x[N],N,min);
 printf("max=%f,min=%f\n",max,min);
 return 0;
}
```

六、补足程序

1. 程序功能：从数组中删除指定的元素。

```
#include<stdio.h>
#define N 10
int serch(int a[],int n,int x)
{int i,j;
 for(i=0;i<n;i++)
   {if(a[i]==x)
       (1)   ;
   }
 if(i<n)
   {for(j=i;j<n-1;j++)
       (2)   ;
    n--;
   }
 return(n);
}
int main(void)
{int d[N],x;
 int i,m;
 printf("请输入%d个整数：\n",N);
 for(i=0;i<N;i++)
```

```
    scanf("%d",&d[i]);
printf("请输入要删除的数：\n");
scanf("%d",&x);
m=_____(3)_____;
printf("删除之后的数据：\n");
for(i=0;i<m;i++)
  printf("%d,",d[i]);
return 0;
}
```

2. 程序功能：不调用库函数 strcmp 比较两个字符串的大小。

```
#include<stdio.h>
int scomp(char a[],char b[])
{int i,r;
 i=0;
 while(a[i]!='\0'&&b[i]!='\0')    /*若遇到'\0'，则停止比较*/
   {if(a[i]==b[i])
       _____(1)_____;
    else
       _____(2)_____;
   }
 r=_____(3)_____;        /*对应字符 ASCII 码之差，即比较结果*/
 return(r);
}
int main(void)
{char a[200],b[200];
 int d;
 printf("请输入两个字符串：\n");
 gets(a);
 gets(b);
 d=scomp(a,b);
 if(d>0)
   printf("字符串 1 大于字符串 2。\n");
 else if(d<0)
   printf("字符串 1 小于字符串 2。\n");
 else
   printf("字符串 1 等于字符串 2。\n");
 return 0;
}
```

3. 程序功能：将二维数组中的内容整体旋转 180°之后重新置入原数组中。

```
#include <stdio.h>
#define M 5
#define N 6
void trans(int a[][N],int m)
{int t;
 int i,j,u,v;
 for(i=0,u=m-1;i<=u;i++,u--)
```

```
  for(j=0,v=N-1;j<N;j++,v--)
    {if(i==u&&j>=v)
         (1)     ;
     t=a[i][j];
         (2)     ;
     a[u][v]=t;
    }
  return;
}
int main(void)
{int g[M][N];
 int i,j;
 printf("请依次输入%d行%d列的整数：\n",M,N);
 for(i=0;i<M;i++)
   {for(j=0;j<N;j++)
      scanf("%d",&g[i][j]);
   }
 trans(     (3)     );
 printf("旋转之后的结果：\n");
 for(i=0;i<M;i++)
   {for(j=0;j<N;j++)
      printf("%6d",g[i][j]);
    printf("\n");
   }
 return 0;
}
```

七、编程题

说明：以下程序均限定不能使用全局变量在函数之间传递数据。

1. 在主函数中输入 30 个数，然后在被调函数中求其平均值，最后在主函数中输出结果。

2. 首先编写对 n 个整数排序的函数，然后在主函数中调用它对 20 个数排序。

3. 首先在主函数中输入一个字符串，然后在被调函数中求出其长度，最后在主函数中输出结果（限定不能调用库函数 strlen）。

4. 首先在主函数中输入源字符串，然后在被调函数中将其复制到目标数组中，最后在主函数中输出结果（限定不能调用库函数 strcpy）。

5. 首先在主函数中输入一个字符串，然后在被调函数中将其前后倒置，最后在主函数中输出结果。

6. 用递归程序求两个正整数的最大公约数。

第三单元　习题参考答案及解析

一、判断题

1. 错误。

解析：C 语言中的参数传递始终都是单向传递。当用指针作为函数参数时，只能将实参指针的值传递给形参指针变量，而不能将形参指针变量的值传递给实参指针。而之所以能够更改主调函数中变量的值，是因为在被调函数中采用跨函数间接引用的方式，对主调函数中的变量进行了赋值。

2. 正确。

解析：因为从本质上来说，形参数组名是指针变量，表示为数组名的形式只是为了形象直观。而一般的数组名是指针常量，所以不能进行赋值。这两者并不矛盾。

3. 正确。

解析：在一个 C 语言程序运行之前，必须先将其可执行代码装入内存中。因此，一个函数的代码在内存中也要占用一定数量的连续内存单元。为了使用方便，C 语言规定以一个函数的函数名代表该函数的代码在内存中的首地址。

4. 正确。

解析：对形参数组元素的任何更改，都会影响到对应的实参数组元素。但这并不代表参数是双向传递的。这是因为从本质上来说，形参数组名是指针变量，所以形参数组元素只不过是实参数组元素的间接引用形式。当在被调函数中更改形参数组元素的值时，实际上就是更改实参数组元素的值，只不过是以间接引用的形式实现的。

5. 错误。

解析：因为二维数组的数组名实际上是一个行指针，所以被调函数中对应的形参应该是一个行指针变量。由于在行指针中包含二维数组中每行的长度（列数）信息，而并未包含行数信息，所以通常需要设置另一个参数来传递二维数组的行数，而不必再传递该数组的列数信息。

二、选择题

1. B

解析：被调函数中用作形参的数组可以称为形参数组。当然从本质上来说，形参数组并不存在。因为数组元素形式的 r[i]，不过是指针形式的 *（r+i）的一种更为直观的表示形式，而 *（r+i）则是实参数组元素 a[i]的间接引用形式，r[i]就是 a[i]。所以，形参数组与实参数组在内存空间上是完全重叠的，对形参数组的操作就是对实参数组的操作。

2. C

解析：指针型函数只可以返回全局变量、静态局部变量以及在其主调函数中定义的变量的地址，因为这些变量在当前被调函数返回之后将依然存在。不能返回在当前函数中定义的自动存储类别的变量或数组的地址，因为这种变量或数组的存储空间将在当前函数返回时被释放，从而导致该地址指向未分配的内存空间。

3. C

解析：在程序中完成参数传递之后，指针变量 q 将指向主函数中的数组元素 a[0]，且 n 的值为 5。在循环执行语句（*q）++;时，q 的值始终不变。因而，语句（*q）++;始终等效于 a[0]++;，且循环执行 5 次。

4. B

解析：函数 fun 的功能是找出二维数组 a 中每一行的最大值，并将各行的最大值存入一维数组 b 中。由于形参数组与实参数组是完全重叠的，所以数组 y 中的元素值分别为 33,

600，120。

5. B

解析：函数 fun 的返回值是一个指针值，其形参 s、t 是指针变量。在函数调用时，将实参 p、q 的值分别传递给形参 s、t。在函数体中，比较 s 所指向变量的值与 t 所指向变量的值，若前者较小，则将 t 的值赋给 s。从而使得 s 的值总是两个数中较大数的地址，最后返回 s 的值。此处，返回实参 q 的值，并赋给指针变量 r。

此外，虽然在被调函数中有可能更改形参 s 的值，但并不影响实参 p 的值。因此，在函数返回之后 p、q、r 的值分别是&a、&b、&b，从而最终的输出结果为 3, 6, 6。

*6. D

解析：这里的 pf 是指向具有两个 double 型参数的函数的指针，且已令其指向 pow 函数。故通过 pf 调用 pow 函数的正确格式是（*pf）（x, y），不过 pf（x, y）这种格式也正确。根据题目要求，直接调用函数 pow（x, y）也可以。而*pf（x, y）这种形式表示先通过 pf（x, y）调用所指向的函数，然后对函数返回值进行间接引用运算，所以不正确。

7. D

解析：函数 convert 是一个递归函数。当第一次调用时，实参为'W'，由于 if 条件为真，故再次调用函数 convert。当第二次调用时，实参为'X'，由于 if 条件为假，故直接执行 printf 语句，输出'X'。然后，执行 return 语句返回到第一次调用中的 printf 语句（注意不是直接返回主函数），输出第一次调用的实参值'W'。

若根据调用次数将被调函数重写多遍，再来分析，就直观得多。

```
int main(void)           /*从主函数开始执行*/
{convert('W');
 return 0;
}
void convert(char ch)    /*第一次调用*/
{if(ch<'X')
   convert(ch+1);
 printf("%c",ch);
 return;
}
void convert(char ch)    /*第二次调用*/
{if(ch<'X')
   convert(ch+1);
 printf("%c",ch);
 return;
}
```

8. D

解析：函数 fun 是一个递归函数。当第 1 次调用时，实参为 123456；由于 if 条件为真，故执行 if 子句中的 printf 语句，输出 6–，然后再次调用函数 fun。当第 2 次调用时，实参为 12345；由于 if 条件为真，故执行 if 子句中的 printf 语句，输出 5–，然后再次调用函数 fun。当第 3 次调用时，实参为 1234；由于 if 条件为真，故执行 if 子句中的 printf 语句，输出 4–，然后再次调用函数 fun。当第 4 次调用时，实参为 123；由于 if 条件为真，故执行 if 子句中的 printf 语句，输出 3–，然后再次调用函数 fun。当第 5 次调用时，实参为 12；由于 if 条件为真，故执行 if 子句中的 printf 语句，输出 2–，然后再次调用函数 fun。当第 6

次调用时，实参为 1；由于 if 条件为假，故执行 else 子句中的 printf 语句，输出 1，然后返回主函数。

三、填空题

1. 指针变量　数组长度

解析：由于一维数组名代表该数组 0 号元素的地址，其对应的形参应为指针变量。由于数组名只是一个地址，并未包含数组的长度信息，还需要设置另一个参数，用来专门传递数组的长度。

2. int（*p）[6]　二维数组的行数

解析：当以二维数组名作为实参时，对应的形参应为行指针变量。此时，通常需要设置另一个实参，用于传递二维数组的行数。

3. 自动

解析：在本函数中定义的自动变量，将在函数返回时释放其内存空间，其地址值将指向未经分配的、不具有确定值的内存空间，故不能作为函数值返回。

4. float（*p）（float）；

解析：当定义指向函数的指针时，其中返回值的类型与参数个数、参数类型都要与所指向的函数保持一致。且指针变量名及其前面的星号要括起来，因为 float *p（float）;的含义是声明返回指针值的函数。

四、读程序写结果

1.
运行结果：

```
a=456,b=456
```

解析：函数 swap 的第一个形参 pa 是指针类型，第二个形参 pb 为 int 型。在参数传递之后，pa 将指向主函数中的实参变量 a，实参 b 的值传给形参 pb。然后在函数 swap 中交换 pa 所指向的变量（实参变量 a）的值与形参 pb 的值，故交换之后 pa 所指向的变量（实参变量 a）的值为 456，形参 pb 的值为 123。在返回主函数之后，实参变量 a 的值已变为 456；而形参 pb 的值并不会再传递给实参变量 b，即变量 b 的值仍为 456。

2.
运行结果：

```
10 2 8 4 6 5 7 3 9 1
```

解析：在主函数中，以数组名 a、数组长度 10 为实参，分别传递给被调函数中的指针形参 r、整型形参 n。从而可以在被调函数中，通过间接引用的方式更改数组 a 元素的值。函数 inv 的功能是将对应数组元素的值相交换。第 1 次互换 a[0]和 a[9]的值，第 2 次互换 a[2]和 a[7]的值，第 3 次互换 a[4]和 a[5]的值。因此，互换完成之后数组 a 各元素的值分别为 10，2，8，4，6，5，7，3，9，1。

3.
运行结果：

```
ABCDEG
```

解析：函数 tran 的功能是对字符数组 a 中的字符串进行过滤及变换。其中，for 循环实现选择性复制字符的功能，只不过源字符 a[i]与目标字符 a[j]都存储于数组 a 中。若是小写字母，则转化为对应的大写字母并保留。若是其他字符，则予以丢弃。for 循环中的循环条件 a[i]等价于 a[i]!='\0'。

4.
运行结果：

```
y=32
```

解析：函数 fun 是一个递归函数，可以用递推的方法求出函数调用 fun（6）的结果。fun（1）=1，fun（2）=2，fun（3）=fun（1）*fun（2）=2，fun（4）=fun（2）*fun（3）=4，fun（5）=fun（3）*fun（4）=8，fun（6）=fun（4）*fun（5）=32。

五、改错题

1. 解析：函数 sort 实现三个形参 p、q、r 按升序排序。方法是两个变量相比较，若不符合升序要求，则交换它们的值，而交换两个变量的值又通过调用函数 swap 实现。

函数 swap 能够实现将形参 pa 与 pb 的值互换，但是并不能将互换之后的值再传回对应的实参中，因此两个实参的值并未实现互换。同样地，即使在 sort 函数中完成了三个形参 p、q、r 的排序，也不会将排序之后的值再传回对应的实参 a、b、c 中。

由于利用函数的返回值只能向被调函数传回一个数据，这两个函数都不适合采用返回值传递数据。同时，由于限定本程序不能使用全局变量在函数之间传递数据，只能利用参数在函数之间传递数据。

由于参数的传递都是单向的，形参的值并不能传递给对应的实参，必须借助于被调函数中的指针形参跨函数间接引用主调函数中的局部变量，从而将被调函数中的数据传回主调函数。所以，应将函数 sort 和 swap 中的形参全部改为指针类型，同时将对应的实参修改为相应变量的地址，当然两个函数的函数体也需要进行相应的修改。

改正后的源程序：

```c
#include<stdio.h>
void swap(int *pa,int *pb)
{int temp;
 temp=*pa;
 *pa=*pb;
 *pb=temp;
 return;
}
void sort(int *p,int *q,int *r)
{
 if(*p>*q)
   swap(p,q);
 if(*p>*r)
   swap(p,r);
 if(*q>*r)
   swap(q,r);
 return;
}
int main(void)
{int a,b,c;
```

```
    printf("请输入三个整数: \n");
    scanf("%d%d%d",&a,&b,&c);
    sort(&a,&b,&c);
    printf("排序之后的结果: \n");
    printf("a=%d,b=%d,c=%d\n",a,b,c);
    return 0;
}
```

2. 解析: 在主函数中输入 20 个数并存入一维数组 x 中, 然后调用函数 max_min 求出其最大数和最小数。其中, 最大数以函数返回值的形式传回主函数; 由于限定本程序不能使用全局变量在函数之间传递数据, 只能利用参数将最小值传回主函数。

由于参数的传递都是单向的, 形参 pmin 的值并不能传递给对应的实参 min。必须借助于被调函数中的指针形参跨函数间接引用主调函数中的局部变量, 从而将被调函数中的数据传回主调函数。所以, 应将函数 max_min 中的第 3 个形参改为指针类型, 同时将对应的实参修改为变量 min 的地址, 当然函数 max_min 的函数体也需要进行相应的修改。

主函数中调用函数 max_min 时的第一个实参, 应为数组 x 的首地址, 而不能是 x[N], 因为 x[N]只代表一个数组元素。

改正后的源程序:

```
#include<stdio.h>
#define N 20
float max_min(float a[],int n,float *pmin)
{float max,min;
 int i;
 max=min=a[0];
 for(i=1;i<=n-1;i++)
   {if(a[i]>max)
     max=a[i];
    if(a[i]<min)   /*或 else if(a[1]<min)*/
      min=a[i];
    }
 *pmin=min;
 return(max);
}
int main(void)
{float x[N],max,min;
 int i;
 printf("请输入%d个数: \n",N);
 for(i=0;i<N;i++)
   scanf("%f",&x[i]);
 max=max_min(x,N,&min);
 printf("max=%f,min=%f\n",max,min);
 return 0;
}
```

六、补足程序

1.
(1) break

（2）a[j]=a[j+1]

（3）serch（d,N,x）

解析：在主函数中输入 N 个整数以及要删除的数，然后调用被调函数。被调函数有三个形参，分别是形参数组名、数组长度、待删除数据。被调函数的返回值是完成删除之后的数组长度。故在主函数中的调用语句为 m=serch（d, N, x）;，其中，d 是实参数组名，N 是实参数组长度，x 是待删除数据，m 是完成删除之后的实参数组长度。

在被调函数中循环比较数组元素 a[i] 与 x 的值，若二者相等，则终止循环。若循环结束之后 i<n，则说明数组 a 中有与 x 等值的元素。然后将该元素从数组 a 中删除，即将从 a[i+1] 往后的元素的值前移一个位置，并将元素个数减 1。

2.

（1）i++

（2）break

（3）a[i]-b[i]

解析：在主函数中输入两个字符串，并调用函数 scomp 比较两个字符串的大小。在函数 scomp 中，分别从两个字符串的首字符开始，比较对应的字符是否相等，直到对应的两个字符不相等或者至少一个字符串遇到'\0'（若两个字符串同时遇到'\0'，则说明二者相等；若两个字符串中对应的字符不相等或者只有一个字符串遇到'\0'，则说明二者不相等）。当循环结束时，两个字符串中对应字符的 ASCII 码之差即为比较结果。

3.

（1）break

（2）a[i][j]=a[u][v]

（3）g,M

解析：在主函数中输入 M*N 个数据并存入二维数组 g 中，然后调用函数 trans。函数 trans 的两个形参分别是二维数组名（本质上是行指针变量）与二维数组的行数，故在主函数中调用时对应的实参是二维数组名 g 与行数 M。将二维数组中的内容整体旋转 180°，即将第 0 行（按从左向右的顺序取元素）与第 m−1 行（从右向左顺序取元素）对应元素的值互换，第 1 行与第 m−2 行对应元素的值互换，以此类推。可以通过互换对应元素的值实现这种旋转，即将 a[0][0] 与 a[m−1][N−1] 互换，将 a[0][1] 与 a[m−1][N−2] 互换，以此类推。若在循环中出现 i==u，则说明总行数为奇数；对于中间一行，将其前半行与后半行互换；当 i==u&&j>=v 时，应终止循环。

七、编程题

1.

编程思路：

在主函数中输入 30 个数，并存入一维数组 x 中。然后以数组名与数组长度为实参调用函数 ave。在函数 ave 中，先用累加的方法求出所有数组元素之和，然后求出平均值，并作为函数的返回值。最后在主函数中输出结果。

源程序：

```
#include<stdio.h>
#define N 30
```

```
float ave(float a[],int n)
{float s=0,p;
 int i;
 for(i=0;i<n;i++)
   s=s+a[i];
 p=s/n;
 return(p);
}
int main(void)
{float x[N],p;
 int i;
 printf("请输入%d个数：\n",N);
 for(i=0;i<N;i++)
   scanf("%f",&x[i]);
 p=ave(x,N);
 printf("平均值=%f\n",p);
 return 0;
}
```

2.

编程思路：

在主函数中输入 20 个数，并存入一维数组 a 中。然后以数组名与数组长度为实参调用函数 sort。在函数 sort 中，利用选择法对 n 个数组元素进行排序。最后在主函数中输出结果。

源程序：

```
#include<stdio.h>
#define N 20
void sort(int a[],int n)
{int i,j,t;
 for(i=0;i<=n-2;i++)
   {for(j=i+1;j<=n-1;j++)
     if(a[i]<a[j])
       {t=a[i];
        a[i]=a[j];
        a[j]=t;
       }
   }
 return;
}
int main(void)
{int a[N],i;
 printf("请输入%d个整数：\n",N);
 for(i=0;i<N;i++)
   scanf("%d",&a[i]);
 sort(a,N);
 printf("排序后的结果为：\n");
 for(i=0;i<N;i++)
```

```
      printf("%d ",a[i]);
  return 0;
}
```

3.

编程思路:

在主函数中输入一个字符串,并存入一维数组 a 中,然后调用函数 slen。在函数 slen 中,逐个字符判断是否'\0'。若不是'\0',则将字符串长度加 1,反之,则结束循环。最后将求得的结果返回主函数,并在主函数中输出。

源程序:

```
#include<stdio.h>
int slen(char s[])
{int n=0;
 while(s[n]!='\0')
   n++;
 return(n);
}
int main(void)
{char a[200];
 int n;
 printf("请输入一个字符串:\n");
 gets(a);
 n=slen(a);
 printf("字符串长度=%d\n",n);
 return 0;
}
```

4.

编程思路:

在主函数中输入一个字符串,并存入一维数组 a 中,然后调用函数 scopy。在函数 scopy 中,对字符串逐个字符判断是否'\0'。若不是'\0',则将该字符复制到目标数组中,反之,则结束循环。最后在主函数中输出目标字符串。

源程序:

```
#include<stdio.h>
void scopy(char t[],char s[])
{int i;
 for(i=0;s[i]!='\0';i++)
    t[i]=s[i];      /*未复制'\0'*/
 t[i]='\0';
 return;
}
int main(void)
{char a[200],b[200];
 printf("请输入源字符串: ");
 gets(a);
 scopy(b,a);
 printf("目标字符串: ");
```

```
  puts(b);
  return 0;
}
```

5.
编程思路:

在主函数中输入一个字符串,并存入一维数组 a 中,然后调用函数 reverse。在函数 reverse 中,从字符串的两端开始,通过互换对应位置的字符实现字符串的倒置,即首先互换左端首字符与右端首字符,再互换左端第二个字符与右端第二个字符,以此类推,直至左右两端在中间会合。其中,右端首字符的位置可以通过字符串的长度减 1 求得。最后在主函数中输出倒置之后的字符串。

源程序:

```
#include<stdio.h>
#include<string.h>
void reverse(char a[])
{char t;
 int n,i,j;
 n=strlen(a);
 i=0;
 j=n-1;
 while(i<j)
   {t=a[i];
    a[i]=a[j];
    a[j]=t;              /*交换对应元素的值*/
    i++;
    j--;
   }
 return;
}
int main(void)
{char s[200];
 printf("请输入一个字符串: ");
 gets(s);
 reverse(s);
 printf("倒置之后的字符串: ");
 puts(s);
 return 0;
}
```

6.
编程思路:

在主函数中输入两个正整数 a、b,然后调用递归函数 gcd,并以 a、b 为实参传递给形参 m、n。根据欧几里得算法(辗转相除法),m 与 n 的最大公约数等同于 n 与 m%n 的最大公约数。

在函数 gcd 中,若 n==0,则 m 即为最大公约数;否则,递归调用函数 gcd 计算 n 与 m%n 的最大公约数。最后将求得的结果返回主函数,并在主函数中输出。

源程序：

```
#include <stdio.h>
int gcd(int m,int n)
{
 int g;
 if(n==0)
   g=m;
 else
   g=gcd(n,m%n);
 return(g);
}
int main(void)
{
 int a,b,r;
 printf("请输入两个正整数: ");
 scanf("%d%d",&a,&b);
 r=gcd(a,b);
 printf("最大公约数=%d\n",r);
 return 0;
}
```

第四单元 实 验 指 导

实验一

一、实验目的

掌握利用指针或数组参数在函数之间传递数据的一般程序设计方法及其调试方法。

二、实验要求

1. 仔细阅读下列实验内容，并编写相应的 C 语言源程序。
2. 在 C 语言运行环境下，编辑录入源程序。
3. 调试运行源程序，注意观察调试运行过程中发现的错误及改正方法。
4. 掌握根据出错信息查找语法错误的方法。
5. 最后提交带有充分注释的源程序文件（扩展名为 c）。要求该文件必须能够正确地编译及运行，并不得与他人作品雷同。

三、实验内容

1. 以下程序的功能是在主函数中输入一个字符串，然后在被调函数中将该字符串前后倒置。调试运行该程序，并改正其中的错误，以获得正确的运行结果。

```
#include <stdio.h>
#include <string.h>
void rev(char a[])
{int n,i;
```

```
 char t;
 n=sizeof(a);
 for(i=0;i<n;i++)
   {t=a[i];
    a[i]=a[n-1-i];
    a[n-1-i]=t;
    }
 return;
}
int main(void)
{char s[200];
printf("请输入一个字符串：\n");
gets(s);
rev(s);
printf("倒置之后的字符串：\n");
puts(s);
return 0;
}
```

2. 在主函数中输入一批实数（不超过 100 个，先输入其个数），然后在被调函数中求出这些数的标准差，最后在主函数中输出结果。限定不能使用全局变量在函数之间传递数据。

实验二

一、实验目的

掌握利用指针或数组参数在函数之间传递数据的一般程序设计方法及其调试方法。

二、实验要求

1. 仔细阅读下列实验内容，并编写相应的 C 语言源程序。
2. 在 C 语言运行环境下，编辑录入源程序。
3. 调试运行源程序，注意观察调试运行过程中发现的错误及改正方法。
4. 掌握根据出错信息查找语法错误的方法。
5. 最后提交带有充分注释的源程序文件（扩展名为 c）。要求该文件必须能够正确地编译及运行，并不得与他人作品雷同。

三、实验内容

1. 以下程序的功能是在被调函数中将长度为 n 的整型数组的元素的值循环右移（最右端元素的值移入最左端元素中）m 个位置。调试运行该程序，并改正其中的错误，以获得正确的运行结果。

```
#include <stdio.h>
#define N 10
void mov(int a[],int n,int m)
{int i,j,t;
 for(i=1;i<=m;i++)
   {for(j=1;j<=n-1;j++)
```

C 语言程序设计训练教程

```
        a[j]=a[j-1];
    }
 return;
}
int main(void)
{int a[N],i,m;
 printf("请输入%d个整数：\n",N);
 for(i=0;i<N;i++)
    scanf("%d",&a[i]);
 printf("请输入右移位置数：\n");
 scanf("%d",&m);
 mov(a,N,m);
 printf("循环右移之后的数组内容：\n");
 for(i=0;i<N;i++)
    printf("%d,",a[i]);
 printf("\n");
 return 0;
}
```

2. 在主函数中输入一个十六进制的非负整数，然后在被调函数中将其转化为十进制形式，最后在主函数中输出结果。限定不能使用全局变量在函数之间传递数据。

第 10 章 函数进阶

第 11 章　编译预处理命令

第一单元　重点与难点解析

1. 编译预处理到底是什么意思？有什么用处？

编译预处理是指在进行编译的第一遍扫描（词法分析和语法分析）之前所做的工作。预处理命令指程序正式编译前由编译系统进行处理，可放在程序中任何位置。

合理使用预处理功能编写的程序便于阅读、修改、移植和调试，也有利于模块化程序设计。

2. 使用无参宏有什么注意事项？

使用无参宏时的注意事项如下：

（1）宏名一般用大写字母表示，以便于与变量区别。

例如：

```
#define PI  3.1415926
```

（2）宏定义末尾不必加分号，否则连分号一并替换。

（3）宏定义可以嵌套。

```
#define PI  3.1415926
#define R   5
#define S   PI*R*R   //嵌套定义
```

3. 带参宏使用时有什么注意事项？

带参宏使用时注意事项如下：

（1）宏名和形参表的括号间不能有空格。

（2）宏替换只做替换，不做计算，不对表达式求解。

（3）宏的形参、实参不存在类型，参数传递时也不进行类型转换。

4. 带参宏与函数调用有什么区别？

二者区别如下：

（1）函数调用在编译后程序运行时进行，并且给函数分配内存。宏替换在编译前进行，不需要给宏分配内存。

（2）函数调用只有一个返回值，宏的调用则没有这项限制。

（3）宏展开使源程序变长，函数调用不会。

（4）宏展开不占用运行时间，只占用编译时间，函数调用占用运行时间（分配内存、保留现场、值传递、返回值）。

第二单元　习　　题

一、判断题

1. C 语言程序中的预处理命令是在编译之前进行处理的。（　　　）

2. 预处理命令必须位于 C 语言源程序的首部。（　　）

3. 在 C 语言中预处理命令都以"#"开头。（　　）

4. C 语言的预处理命令只能实现宏定义和文件包含的功能。（　　）

5. 宏命令行可以看作一行 C 语句。（　　）

6. 宏不存在类型问题，宏名无类型，它的参数也无类型。（　　）

7. 宏替换不占用运行时间。（　　）

8. 宏替换时先求出实参表达式的值，然后代入形参运算求值。（　　）

9. 宏名必须用大写字母表示。（　　）

10. #include 命令包含的文件的扩展名只能是 h。（　　）

二、选择题

1. 下列选项中不会引起二义性的宏定义是_____。

A. #define　　POWER（x）　　x*x

B. #define　　POWER（x）　　（x）*（x）

C. #define　　POWER（x）　　（x*x）

D. #define　　POWER（x）　　（（x）*（x））

2. 以下程序的输出结果是_____。

```
#define    f(x)    x*x
#include <stdio.h>
int main(void)
{int a=6,b=2,c;
 c=f(a)/f(b);
 printf("%d\n",c);
}
```

A. 9　　　　　　　　B. 6　　　　　　　　C. 36　　　　　　　　D. 18

3. 以下程序的输出结果是_____。

```
#define    PT    5.5
#define    S(x)    PT*x*x
#include <stdio.h>
main()
{int a=1, b=2;
 printf("%4.1f\n", S(a+b));
}
```

A. 49.5　　　　　　B. 9.5　　　　　　C. 22.0　　　　　　D. 45.0

4. 设有以下程序：

```
#include <stdio.h>
#define    N    2
#define    M    N+1
#define    NUM    (M+1)*M/2
int main(void)
{int i;
 for(i=1; i<=NUM; i++)
    printf("%d\n",i);
}
```

for 循环执行的次数是_____。

A. 5 　　　　　　B. 6 　　　　　　C. 8 　　　　　　D. 9

5. 以下程序的输出结果是_____。

```
#include <stdio.h>
#define SQR(x)  x*x
int main(void)
{int a, k=3;
 a=++SQR(k+1);
 printf("%d\n",a);
}
```

A. 6 　　　　　　B. 10 　　　　　　C. 8 　　　　　　D. 9

6. 设有如下程序：

```
#include "typel.h"
#define M2 N*2
int main(void)
{
 int i;
 i=M1+M2;
 printf("%d\n",i);
}
```

程序中头文件 typel.h 的内容是：

```
#define N 5
#defint M1 N*3
```

则程序编译运行后的输出结果是_____。

A. 10 　　　　　　B. 20 　　　　　　C. 25 　　　　　　D. 30

7. 对以下程序段，正确的判断是_____。

```
#define A  3
#define B(a)  ((A+1)*a)
x=3*(A+B(7));
```

A. 程序错误，不许嵌套宏定义　　　　　　B. x=93

C. 程序错误，宏定义不许有参数　　　　　　D. x=21

8. 以下程序的输出结果是_____。

```
#include <stdio.h>
#define  F(y)  3.84+y
#define  PR(a)  printf("%d",(int)(a))
#define  PRINT(a)  PR(a);putchar('\n')
int main(void)
{int x=2;
 PRINT(F(3)*x);
}
```

A. 8 　　　　　　B. 9 　　　　　　C. 10 　　　　　　D. 11

9. 设有以下宏定义：

```
#define  N  3
#define  Y(n)  ((N+1)*n)
```

则执行语句 z=2*（N+Y（5+1））;后，z 的值是_____。

A. 出错   B. 42   C. 48   D. 54

10. 若有宏定义#define MOD（x,y）x%y，则执行以下语句后的输出是_____。

```
int  z, a=15, b=100;
z=MOD(b, a);
printf("%d\n",z);
```

A. 11   B. 10   C. 6   D. 宏定义不合法

三、读程序写结果

1.
```
#define  MAX(a,b)  (a>b?a:b)+1
#include <stdio.h>
int  main(void)
{int  i=6,j=8;
 printf("%d\n",MAX(i,j));
 return 0;
}
```

2.
```
#include <stdio.h>
#define  sw(x,y)  {x=y;  y=x;  x=y;}
int  main(void)
{int a=10,b=1;
 sw(a,b);
 printf("%d,%d\n",a,b);
 return 0;
}
```

3.
```
#define  SUB(x,y)    (x)*y
#include <stdio.h>
int  main(void)
{int  a=3,b=4;
 printf("%d\n",SUB(a++,b++));
 return 0;
}
```

4.
```
#define    f(x)    (x*x)
#include <stdio.h>
int  main()
{int  i1, i2;
 i1=f(8)/f(4) ;
 i2=f(4+4)/f(2+2) ;
 printf("%d, %d\n",i1,i2);
 return 0;
}
```

5.
```
#define    M(x,y,z)    x*y+z
#include <stdio.h>
int  main(void)
{int   a=1,b=2,c=3;
 printf("%d\n", M(a+b,b+c,c+a));
 return 0;
}
```

四、编程题

1. 宏定义的使用。请编写一个程序实现如下功能：从键盘上输入一个圆的半径 r，然后根据用户的选择分别计算圆的周长或者面积，可以反复计算，直到选择退出程序。要求在程序中使用宏定义表示圆周率的值。

2. 文件包含的使用。请将第 1 题中计算圆周长和圆面积的程序分别设计成两个函数，并保存到两个独立的扩展名为 c 的程序文件中（yzc.c 和 ymj.c）；再设计一个主函数（保存到单独的一个程序文件 zcmj.c 中）通过调用上面的两个函数实现与第 1 题同样的功能。要求利用文件包含功能实现。

第三单元　习题参考答案及解析

一、判断题

1. 正确。

解析：预处理（或称预编译）是指在进行编译的第一遍扫描（词法分析和语法分析）之前所做的工作。预处理命令在程序正式编译前就由编译系统进行处理，通常写在程序文件的开始部分，也可出现在程序中的其他位置。

2. 错误。

解析：预处理命令通常写在程序文件中的开始部分，也可出现在程序中的其他位置。

3. 正确。

解析：C 语言规定，预处理命令必须以“#”开头，而且在“#”前不能有任何非空白字符，一条预处理命令必须单独占一行。如宏定义命令（#define）、文件包含命令（#include）、条件编译命令（#ifdef）等。

4. 错误。

解析：最常用的预处理命令是宏定义命令（#define）和文件包含命令（#include），除此之外还有条件编译命令（#ifdef）等预处理命令。

5. 错误。

解析：编译预处理命令不属于 C 语言的语句，故在命令的末尾不能添加分号。

6. 正确。

解析：宏的形参、实参不存在类型，参数传递时也不进行类型转换。

7. 正确。

解析：预处理命令在程序正式编译前由编译系统进行处理，因此不占用运行时间。

8. 错误。

解析：宏替换时首先用实参替换形参，然后再计算。

9. 错误。

解析：宏名习惯上用大写字母表示（与变量名相区别，变量名习惯上使用小写字母表示），不过不是强制要求，因此也可以使用小写字母。

10. 错误。

解析：当需要把两个文件合为一个文件运行时，被包含的头文件的扩展名可以是 c。

二、选择题

1. D

解析：当实参是表达式（如 a+b）时，只有选项 D 不会引起二义性。选项 B 中当（x）*（x）前后还有其他运算数时，也会引起二义性。其他两个选项很明显会引起二义性。

2. C

解析：语句 c=f（a）/f（b）;宏替换后变成 c=a*a/b*b;，运算结果显然是 36。

3. B

解析：首先将宏调用 S（a+b）替换为 PT*x*x，进一步为 5.5*a+b*a+b，再代入变量 a、b 的值，变成 5.5*1+2*1+2，得出结果为 9.5。

4. C

解析：计算出 NUM 的值即可得知 for 循环的次数，首先进行宏替换，将 NUM 替换成（M+1）*M/2，然后替换成（N+1+1）*N+1/2，再替换成（2+1+1）*2+1/2，最后计算得出 8，所以 for 循环执行的次数是 8。

5. D

解析：首先进行宏替换，所以 a=++SQR（k+1）;替换后成为 a=++k+1*k+1;，先执行++k，k 的值变成 4，再执行 4+4+1，结果为 9。

6. C

解析：文件包含#include "type1.h"的作用是把文件"type1.h"的内容包含到本文件中，所以此函数中相当于包含了 3 个宏定义，i=M1+M2;宏替换后成为 i=N*3+N*2;，将 N 的值 5 代入计算得到 25。

7. B

解析：在 C 语言中既可以定义有参数的宏，也可以嵌套定义宏，因此选项 A 和 C 是错误的。由于 x=3*（A+B（7））可以替换为 x=3*（3+（（3+1）*7）），因此 x 的结果是 93。

8. B

解析：首先对 PRINT（F（3）*x）;进行宏替换，变为 PR（F（3）*x）;putchar（'\n'）;，然后进一步宏替换为 printf（"%d",（int）（F（3）*x））;putchar（'\n'）;，最后进一步宏替换为 printf（"%d",（int）（3.84+3*x））;putchar（'\n'）;，即 printf（"%d",（int）（3.84+3*2））;putchar（'\n'）;，所以输出 9。

9. C

解析：由于可以将 z=2*（N+Y（5+1））;替换为 z=2*（3+（（3+1）*5+1））;，因此计算结果为 48。

10. B

解析：由于可以将 z=MOD（b,a）;替换为 z=b%a;，即 z=100%15;，因此计算结果为 10（%为求余数运算符）。

三、读程序写结果

1. 运行结果：

解析：MAX(i,j)首先进行宏替换成为(i>j?i:j)+1,将数值代入为(6>8?6:8)+1=8+1=9。

2.运行结果：

1,1

解析：首先对sw(a,b);进行宏替换，变为{a=b;b=a;a=b;}，相当于{a=1;b=1;a=1;}，所以最后结果就是a和b的值都是1。

3.运行结果：

12

解析：首先对SUB(a++,b++)进行宏替换，变为(a++)*b++,即3*4（后自增，先使用值），所以结果为12。如果是SUB(++a,++b)，结果则是20。

4.运行结果：

4,3

解析：i1=f(8)/f(4)首先进行宏替换，变为(8*8)/(4*4)，计算得4。i2=f(4+4)/f(2+2)首先进行宏替换为(4+4*4+4)/(2+2*2+2)，计算得3。如果将宏定义#define f(x) (x*x)修改为#define f(x) ((x)*(x)),则i2的值也为4,所以对于带参数的宏，应当将宏定义中的每个形参及整个替换文本分别用圆括号括起来。

5.运行结果：

12

解析：首先将M(a+b,b+c,c+a)替换为a+b*b+c+c+a,再将a=1,b=2,c=3的值代入计算后得到12。如果将宏定义修改为#define M(x,y,z)((x)*(y)+(z)),则得到值为19,所以对于带参数的宏，应当将宏定义中的每个形参及整个替换文本分别用圆括号括起来。

四、编程题

1.

编程思路：

第一，输出一个功能选择菜单供用户选择。

第二，输入圆的半径，输入用户的选择，如果输入1,则计算并输出圆周长；如果输入2,则计算并输出圆面积；如果输入3,则结束程序运行。

源程序：

```
#include <stdio.h>
#define  PI 3.1415926
int  main(void)
{int  xz;//存放用户的数字选择(1,2,3)
 float  r,yzc,ymj;
 do
   {printf("请输入圆的半径：\n");
    scanf("%f",&r);
    printf("--------------------------\n");//加一条分割线，装饰一下
    printf("1.计算圆周长。\n");
    printf("2.计算圆面积。\n");
    printf("3.结束程序。\n");
    printf("请输入您的选择(1/2/3)：\n");
```

```
        printf("-------------------------\n");//加一条分割线，装饰一下
        scanf("%d",&xz);
        switch(xz)
          {case 1:printf("圆的周长为：%.3f\n",2*PI*r);break;
           case 2:printf("圆的面积为：%.3f\n",PI*r*r);break;
           case 3:printf("程序结束，再见！\n");
           }
      }while(3!=xz);
    return 0;
}
```

2.

编程思路

第一，设计计算圆周长的程序文件 yzc.c。

第二，设计计算圆面积的程序文件 ymj.c。

第三，在程序文件 zcmj.c 中输出一个功能选择菜单供用户选择。

第四，在程序文件 zcmj.c 中首先将文件 yzc.c 和 ymj.c 包含进来，然后输入圆的半径和用户的选择。如果输入 1，则调用文件 yzc.c 中的函数计算并输出圆周长；如果输入 2，则调用文件 ymj.c 中的函数计算并输出圆面积；如果输入 3，则结束程序运行。

源程序：

```
//保存计算圆周长函数的文件 yzc.c
float yzc(float r)
{return 2*PI*r;
}
//保存计算圆面积函数的文件 ymj.c
float ymj(float r)
{return PI*r*r;
}
//保存 main 函数的文件 zcmj.c
#include <stdio.h>
#define PI 3.1415926
#include "yzc.c"   //必须把文件 yzc.c、ymj.c 和 zcmj.c 放在同一文件夹中
#include "ymj.c"
int main(void)
{int xz;//存放用户的数字选择(1,2,3)
 float r;
 do
   {printf("请输入圆的半径：\n");
    scanf("%f",&r);
    printf("-------------------------\n");
    printf("1.计算圆周长。\n");
    printf("2.计算圆面积。\n");
    printf("3.结束程序。\n");
    printf("请输入您的选择(1/2/3)：\n");
    printf("-------------------------\n");
    scanf("%d",&xz);
```

```
    switch(xz)
      {case 1:printf("圆的周长为：%.3f\n",yzc(r));break;//调用函数 yzc 计算圆周长
       case 2:printf("圆的面积为：%.3f\n",ymj(r));break;//调用函数 ymj 计算圆面积
       case 3:printf("程序结束，再见! \n");
       }
    }while(3!=xz);
  return 0;
}
```

第四单元　实　验　指　导

一、实验目的

1. 理解预处理的功能。
2. 掌握不带参数的宏定义及展开规则。
3. 掌握带参数的宏定义及展开规则。

二、实验要求

1. 仔细阅读以下实验内容，并编写相应的 C 语言源程序。
2. 在 C 语言运行环境下，编辑录入源程序。
3. 调试运行源程序，注意观察调试运行过程中发现的错误及改正方法。
4. 掌握根据出错信息查找语法错误的方法。
5. 最后提交带有充分注释的源程序文件（扩展名为 c）。要求该文件必须能够正确地编译及运行，并不得与他人作品雷同。

三、实验内容

1. 调试运行以下程序，观察并分析输出结果。

```
#include <stdio.h>
#define  PI 3.14159
int main(void)
{float r,mj,zc;
 printf("请输入一个半径:");
 scanf("%f",&r);
 mj=PI*r*r;
 zc=2*PI*r;
 printf("mj=%.4f\n",mj);
 printf("zc=%.4f\n",zc);
 return 0;
}
```

2. 调试运行以下程序，观察并分析输出结果。

```
#include <stdio.h>
#define  MUL(a,b)  a*b
int main(void)
```

```
{int  f=MUL(1+2,2+1);
printf("%d\n",f);
f=MUL((1+2),(2+1));
printf("%d\n",f);
return 0;
}
```

思考一下,宏定义命令#define MUL(a,b) a*b 与#define MUL(a,b) ((a)*(b))
有何区别。

第12章　结构体与共用体

第一单元　重点与难点解析

1. 结构体类型与结构体变量有什么区别？

结构体类型与结构体变量是两个不同的概念，结构体类型是一种数据类型，其作用是规定该类型数据的性质与该类型数据在内存中的组织形式。结构体类型只是一种数据类型的结构描述，并不占用内存空间，而结构体变量依据数据类型的不同在内存中被分配相应大小的存储空间。

2. 如何使用指向结构体数组的指针？

与其他类型数组一样，可以使用指针指向一个结构体数组的元素。若定义同类型结构体数组和指针变量，将数组元素的地址赋给指针变量，则指针变量指向该数组元素。例如：

```
struct  student  stu[10],*p1,*p2;
p1=stu;
p2=&stu[1];
```

指针 p1 指向数组元素 stu[0]，指针 p2 指向数组元素 stu[1]。

通过指针引用结构体数组元素成员的方法与通过指针引用结构体变量成员的方法相同，例如：

```
p1->age=18;
(*p2).age=19;
```

上述语句的作用是对 p1 所指向的数组元素 stu[0]的 age 成员进行赋值，对 p2 所指向的数组元素 stu[1]的 age 成员进行赋值。

3. "*"，"."，"->"运算符的优先级。

当"*"与"."运算符合用时，由于"*"的优先级低于"."，若使用指针变量访问其指向的结构体变量中的某成员时，必须添加圆括号。例如：

```
(*p).age
```

也可以使用 C 语言提供的更精炼的表达方法：

```
p->age
```

"."与"->"都是 C 语言中优先级最高的运算符。

4. 结构体与共用体有何异同？

相同点：

（1）结构体和共用体的定义形式相似，都由若干成员组成。

（2）结构体变量和共用体变量一般不能引用整个变量，只能引用变量中的某个成员。

不同点：

（1）结构体变量中的每个成员分别占用独立的存储空间，所以结构体变量所占用存储空间为其各成员所占用内存字节数之和。

（2）共用体变量中的所有成员遵循"分时复用"的原则，重叠占用同一段存储空间，所以共用体变量所占用的内存空间，就是其最长的成员所占用的内存字节数。

5. 使用 typedef 定义数据类型的别名有什么优势?

在 C 语言中定义的结构体、共用体和枚举等类型标识符不能单独使用,必须在用户自定义的类型标识符之前添加相应的关键字,才能作为类型说明符使用。例如:

```
struct  student
{char name[20];
 int age;
 char sex[3];
};
struct  student  stu1;
```

其中, struct student 是用户自定义类型说明符。用户可以使用 typedef 为已经存在的数据类型定义一个别名。例如:

```
typedef struct  student  STU;
或者
typedef  struct  student
{char name[20];
 int age;
 char sex[3];
} STU;
```

此处, STU 被定义为 struct student 的类型别名,之后即可以直接用 STU 定义结构体变量。例如:

```
STU  stu1;
```

可见,使用 typedef 定义新的类型名来代替原有的类型名,往往可以简化程序中变量的类型定义,增强程序的可读性。

第二单元 习   题

一、判断题

1. 一个结构体类型的各个成员,可以具有不同的类型。(   )

2. typedef 用于定义新的数据类型。(   )

3. 系统分配给一个共用体变量的存储空间,是该共用体中占用最大存储空间的成员所需存储空间。(   )

4. 结构体类型的指针变量,既可以指向该类型的变量,又可以指向变量中的任意成员。(   )

5. 在程序中定义了一个结构体类型后,可以多次用它来定义该类型的变量。(   )

6. 不同结构体类型的数据在内存中所占字节数相同。(   )

7. 可以通过关系运算符 "==" 比较两个结构体变量是否相等。(   )

8. 在任一时刻,一个共用体变量只能存放其中一个成员的值。(   )

9. 共用体类型定义中不能出现结构体类型的成员。(   )

二、选择题

1. 以下对结构体成员 age 的引用中,不合法是_____。

```
struct student
{int age;
 int num;
}s,*p;
p=&s;
```

  A. s.age   B. student.age   C. p–>age   D.（*p）.age

  2. 若有以下定义：

```
typedef struct Data
{int y ;
 int m ;
 int d ;
} Day;
```

则以下叙述中正确的是_____。

  A. 可用 Data 定义结构体变量   B. 可用 Day 定义结构体变量

  C. Data 是 struct 类型的变量   D. Day 是 struct Data 类型的变量

  3. 设有以下说明语句

```
struck sk
{int a;
   float b;
}data;
int *p;
```

  若要使得指针变量 p 指向结构体变量 data 中的 a 成员，正确的赋值语句是_____。

  A. p=&a;   B. p=data.a;

  C. p=&data.a;   D. *p=data.a;

  4. 以下结构体类型说明和变量定义中，正确的是_____。

  A.

```
    typedef struct
    {int n; char c;} ABC;
    ABC x,y;
```

  B.

```
    struct
    {int n; char c;} ABC;
    ABC  x,y;
```

  C.

```
    typedef struct ABC;
    {int n=0; char c='A';
    } x,y;
```

  D.

```
    struct
    {int n; char c;
    } ABC  x,y;
```

  5. 若有以下定义和语句：

```
struct  pupil
{char    name[20];
 int     num;
 char    sex;
 struct
 {int day;
  int month;
  int year;
 }s;
} pup,*p;
 p=&pup;
```

则能给 pup 中 year 成员赋值 1990 的语句是_____。

A. p->year=1990;   B. pup.year=1990;

C. pup.s.year=1990;   D. *p.year=1990;

6. 在 C 语言程序执行期间，结构体变量_____。

A. 所有成员均驻留在内存中

B. 只有一个成员驻留在内存中

C. 部分成员驻留在内存中

D. 没有成员驻留在内存中

7. 若有以下程序段

```
typedef struct node
{int data;
 struct node *next;
} NODE;
NODE *p;
```

则以下叙述正确的是_____。

A. NODE *p; 语句不正确

B. p 与 next 类型不同

C. p 是 struct node 类型的结构体变量

D. p 是指向 struct node 类型的结构体变量的指针

三、填空题

1. 若有以下定义：

```
struct
{int x;
 int y;
} s[2]={{1,2},{3,4}},*p=s;
```

则表达式 ++p->x 的值为_____；表达式（++p）->x 的值为_____。

2. 设有 struct DATA{int year;int month; int day;} a,*b;b=&a;，利用指针变量 b 引用结构体变量成员 a.year 的两种形式是_____、_____。

3. 设链表的结点包含两个域，data 是数据域，next 是指向下一个结点的指针域，请完善相应结构体类型的定义。

```
struct list
{char data;
 _____;
};
```

4. 若有以下定义，则变量 a 在内存中所占的字节数是_____。

```
union U
{char st;
 short int i;
 float l;
};
struct A
{int c;
 union U u;
```

```
} a;
```

四、读程序写结果

1.
```c
#include<stdio.h>
int main(void)
{struct   date
 {int year , month , day ;
 } today ;
 printf("%d\n",sizeof(struct   date));
 return 0;
}
```

2.
```c
#include <stdio.h>
int main(void)
{struct f
 {int i;
  float f;
 }a[3];
 printf("%d\n",sizeof(a));
 return 0;
}
```

3.
```c
#include <stdio.h>
struct s
{int x,y;}
data[2]={1,100,2,200};
int main(void)
{struct s *p=data;
 printf("%d\n",++(p->x));
 return 0;
}
```

4.
```c
#include <stdio.h>
struct country
{int num;
 char name[10];
}x[5]={1,"China",2,"USA",3,"France",4, "England",5, "Spanish"};
int main(void)
{struct country *p;
 p=x+2;
 printf("%d,%s",p->num,x[0].name);
 return 0;
}
```

5.
```c
#include <stdio.h>
```

```
typedef struct
{int  n;
 int  a[20];
}st;
void f(int  *a, int n)
{int i;
 for(i=0;i<n;i++)
     a[i]+=i;
}
int main(void)
{int i;
 st  x={10,{2,3,1,6,8,7,5,4,10,9}};
 f(x.a, x.n);
 for(i=0;i<x.n;i++)
     printf("%d,",x.a[i]);
 return 0;
}
```

五、改错题

1. 下划线标出的代码有错误，请修改为正确代码。

```
struct student
{char name[10];
 int age;
}stu1,stu2;
 scanf("%s",&stu1.name);   (1)
 scanf("%d",&stu1.age);
 stu2.name=stu1.name;       (2)
 stu2.age=stu1.age;
```

2. 下划线标出的代码有错误，请修改为正确代码。

```
struct ss
{int n0;
 int score;
}std,*p;
 p=std;                      (1)
 *p.score=98;                (2)
 printf("score is %d\n",p->score);
```

3. 以下给定程序中，函数 fun 的功能是：将形参结构体数组 std 中年龄最大者的数据作为函数值返回，并在 main 函数中输出。请修改下划线标出的代码，使程序能得出正确的结果。

```
#include  <stdio.h>
typedef  struct
{char  name[10];
 int   age;
}STD;
STD fun(STD  std[], int  n)
{STD  max;
```

```
 int  i;
 max = std[0];
 for(i=1; i<n; i++)
   if(  max <std[i]  )                                  (1)
      max=std[i];
 return max;
}
int main(void)
{STD std[5]={{"aaa",17},{"bbb",16},{"ccc",18},{"ddd",17},{"eee",15}};
 STD max;
 max=fun(std,5);
 printf("The result: \n");
 printf("Name : %s,  Age : %d\n",  max  ); (2)
 return 0;

}
```

4. 以下给定程序是通过 input 函数输入两名学生的学号和姓名，然后在 disp 函数中输出。请修改下划线标出的代码，使程序能得出正确的结果。

```
#include    <stdio.h>
struct stud
{int no;
 char name[10];
};
void disp(struct  stud  s)
{
 printf("%d:%s",s.no, s.name);
}
void input(struct  stud  s)        (1)
{printf("学号: ");
 scanf("%d",&s.no);                 (2)
 printf("姓名: ");
 scanf("%s",s.name);                (3)
}
int main(void)
{struct stud s[2];
 int i;
 for(i=0;i<2;i++)
   input(s[i]);                     (4)
 for(i=0;i<2;i++)
   disp(s[i]);
 printf("\n");
return 0;
}
```

六、补足程序

1. 程序功能：利用结构体变量存储一名学生的信息，然后通过函数 show 输出这名学生的信息。

```c
#include <stdio.h>
typedef struct
{char num[8];
 char name[9];
 char sex;
 struct
  {int year;
   int month;
   int day;
  }birthday;
 float score[3];
}STU;
 void show(STU_____(1)_____ )
 {int i;
  printf("\n%s  %s  %c  %d-%d-%d",tt.num,tt.name,tt.sex,tt.
           birthday.year,tt.birthday.month,tt.birthday.day);
  for(i=0;i<3;i++)
     printf("%6.1f",_____(2)_____);
  printf("\n");
 }

int main(void)
{STU  std={"180001","zhangsan",'M',1998,1,23,89.0,96.5,78.0};
 printf("\nA student data:\n");
 show(_____(3)_____ );
 return 0;
}
```

2. 程序功能：输入 3 名学生的信息（学号、姓名、成绩），输出成绩最高的学生的信息。

```c
#include <stdio.h>
struct student
{char num[8];
 char name[20];
 _____(1)_____
};
int main(void)
{struct  student  stu1,stu2,stu3,max;
 /*输入*/
 printf("Please Input num,name,score:\n");
 scanf("%s%s%d",stu1.num,stu1.name,&stu1.score);
 scanf("%s%s%d",stu2.num,stu2.name,&stu2.score);
 scanf("%s%s%d",stu3.num,stu3.name,&stu3.score);
 _____(2)_____
 if(_____(3)_____)
     max=stu2;
 if(max.score<stu3.score)
```

```
    max=stu3;
 printf("成绩最高的学生信息: ");
 printf("%s %s %d\n",max.num,max.name,max.score);
 return 0;
}
```

3. 程序功能:统计候选人得票(3 个候选人,10 张选票,每张选票只能选 1 个候选人)。

```
#include <stdio.h>
#include <string.h>
int main(void)
{int i,j;
 char name[20];          //存放选票上的姓名
 struct person
 {char name[20];         //候选人姓名
  int    count;          //获得选票数
 }leader[3]={"LiLei",0,"YuMin",0,"QiYue",0};
 for(i=1;i<=10;i++)    //10 张选票
 {
  //输入选票上的姓名
  scanf("%s", name);
  //选票上的姓名与哪个候选人的姓名相同(strcmp),则其选票加 1
  for(___(1)___ ; j<3 ; j++)
     if(strcmp(___(2)___, leader[j].name)==0)
        _____(3)_____
 }
 for(i=0;i<3;i++)
     printf("%s  %d\n",leader[i].name,leader[i].count);
 return 0;
}
```

4. 以下给定程序中,函数 fun 的功能是:将形参指针所指向的结构休数组中的 3 个元素按 num 成员的值进行升序排列。

```
#include    <stdio.h>
typedef  struct
{char  num[5];
 char  name[10];
} PERSON;
void fun(PERSON ___(1)___)
{
   ___(2)___   temp;
 if(strcmp(std[0].num,std[1].num)>0)
 {temp=std[0];  std[0]=std[1];  std[1]=temp; }
 if(strcmp(std[0].num,std[2].num)>0)
 {temp=std[0];  std[0]=std[2];  std[2]=temp; }
 if(strcmp(std[1].num,std[2].num)>0)
 {temp=std[1];  std[1]=std[2];  std[2]=temp; }
}
int main(void)
```

```
{PERSON  std[ ]={ "1805","Zhanghu","1802","WangLi","1806",
                   "LinMin" };
int  i;
fun(    (3)    );
printf("\nThe result is :\n");
for(i=0; i<3; i++)
    printf("%s,%s\n",std[i].num,std[i].name);
return 0;
}
```

5. 假定人员的记录由编号和出生年、月、日组成，已在主函数中将 N 名人员的数据存入结构体数组 std 中。函数 fun 的功能是：找出指定年份出生的人员，并将其各项数据存入指针形参 k 所指向的数组中，同时由函数值返回满足指定条件的人数。

```
#include    <stdio.h>
#define    N    8
typedef  struct
{char  num[4];
 int  year,month,day ;
} STU;
int fun(STU *std, STU *k, int  year)
{int  i,n=0;
 for (i=0; i<N; i++)
     if(    (1)    ==year)
         k[n++]=    (2)    ;
 return (    (3)    );
}
int main(void)
{STU  std[N]={ {"001",1984,2,15},{"002",1983,9,21},
               {"003",1984,9,1},{"004",1983,7,15},
               {"005",1985,9,28},{"006",1982,11,15},
               {"007",1982,6,22},{"008",1984,8,19}};
 STU  k[N];
 int  i,n,year;
 printf("Enter a year : ");
 scanf("%d",&year);
 n=fun(std,k,year);
 if(n==0)
    printf("No person was born in %d \n",year);
 else
   {printf("These persons were born in %d \n",year);
    for(i=0; i<n; i++)
       printf("%s %d-%d-%d\n",k[i].num,k[i].year,k[i].month,k[i].day);
 }
 return 0;
}
```

七、编程题

1. 假设一名学生的信息包括：学号、姓名、年龄、院系。从键盘输入三名学生的信息并存入一个结构体数组中，然后逐个输出每名学生的信息。

2. 首先建立一张人员信息登记表（假定人数不超过 20 人），表中包括人员的姓名、性别、年龄、婚否；如果为已婚，还包括配偶的姓名、年龄；最后将此表输出。

3. 从键盘输入 10 名学生的姓名和 C 语言课程的成绩，要求按照成绩降序排序之后输出。

4. 编写一个程序，输入 5 名学生的学号、姓名、成绩、出生年份及入学年份，最后输出成绩在 80 分以上的学生信息。

5. 有 10 名学生，每名学生的数据由学号、姓名和三门课的成绩组成，从键盘输入 10 名学生的数据，要求计算并输出：

（1）每门课的平均成绩。

（2）每名学生的总成绩及平均成绩。

6. 学生的记录由学号和成绩两部分组成。在主函数中输入 10 名学生的数据，并存入结构体数组 stu 中，然后输入待查找的学号。在函数 fun 中根据学号查找相应学生的数据，并将该学生的信息作为返回值。若未找到指定学号的信息，则将学号置为空串，将成绩置为−1 作为函数值返回。

第三单元　习题参考答案及解析

一、判断题

1. 正确。

解析：结构体类型是用户自定义的数据类型，用于把一组不同或相同类型的数据组织成一个有机的整体。每个结构体类型内的数据成分称为成员。

2. 错误。

解析：typedef 仅是给原类型名起了一个别名，并没有产生新的数据类型。

3. 正确。

解析：共用体类型的各个成员共享同一段内存空间。在任何给定时刻，共用体数据只有一个成员驻留在内存中。

4. 错误。

解析：结构体指针变量的值是所指向的结构体变量在内存中的首地址，即指向整个结构体变量，但并不能指向该结构体变量的某个成员。

5. 正确。

解析：结构体类型的定义只是定义了一种名为"struct 结构体标识符"的数据类型。一个结构体类型被定义后，就可以像使用 C 语言固有的数据类型那样，定义这种类型的变量。

6. 错误。

解析：结构体类型是由用户自定义的组合数据类型，一般用于存储数据类型不一致的一组数据。结构体数据所占内存空间为各成员所需空间之和。由于不同结构体类型中成员构成有可能不同，故相对应的结构体数据在内存中所占字节数也有可能不同。

7. 错误。

解析：不能将一个结构体变量作为一个整体进行比较运算，只能针对各个具体成员进行比较。

8. 正确。

解析：共用体变量的各成员重叠占有同一段内存空间，故任何时刻只有一个成员的值存于空间中。

9. 错误。

解析：结构体类型与共用体类型可以嵌套定义。当引用共用体类型中的结构体成员时，需要逐层引用到结构体类型内的成员。

二、选择题

1. B

解析：通过结构体变量引用成员的一般形式是：结构体变量名.成员名，所以选项 A 是正确表达。通过结构体指针引用成员的一般形式是：（*结构体指针）.成员名或结构体指针–>成员名，所以选项 C 和选项 D 均为正确表达，选项 B 为错误表达。

2. B

解析：如题所示，typedef 在定义结构体类型 struct Data 的同时为其定义了一个别名 Day。选项 A，Data 不能单独定义结构体变量，可以通过 struct Data 定义结构体变量。选项 B，Day 为结构体类型 struct Data 的别名，可以通过 Day 定义结构体变量。选项 C，Data 为结构体类型名，不是变量名。选项 D，Day 为结构体类型 struct Data 的别名，但不是此类型的结构体变量。

3. C

解析：本题中 data 为结构体类型的变量，data 变量的 a 成员为 int 型，p 为指向 int 型的指针变量，指针变量 p 可以指向 a 成员。使指针变量 p 指向结构体变量 data 中 a 成员的方法为，使其得到 a 成员的地址。但是，不能通过 p=&a 建立指向关系，因为 a 为结构体成员，需要通过 data.a 引用 a 成员。正确的赋值语句为选项 C。

4. A

解析：typedef 可用于定义类型别名，一般形式为"typedef 类型名 类型别名;"。常见于为结构体类型定义别名，其格式为"typedef struct {结构体成员列表} 结构体类型别名;"。选项 A 正确。选项 B 中的 ABC 是结构体变量名。选项 C 和选项 D 均为错误的定义形式。

5. C

解析：本题考查的是在结构体的嵌套定义中结构体成员的引用方法：逐级引用，直到最底层成员。选项 A、B、D 均缺少对结构体 pupil 中成员 s 的引用。

6. A

解析：在程序执行期间，结构体变量所占内存数量为各成员所占内存之和，可见，所有成员均驻留在内存中。

7. D

解析：本题考查对结构体指针变量的理解。typedef 为 struct node 类型定义别名 NODE，"NODE *p;"等价于"struct node *p;"，故选项 A 叙述错误。由"struct node *next;"可知 next 与 p 都为指向 struct node 结构体类型变量的指针，因此选项 B 和选项 C 错误，选项 D 正确。

三、填空题

1. 2   3

解析：指向运算符–>的优先级高于前自增运算符++。在++p->x 中，首先计算 p->x，此时 p 指向 s[0]，故 p–>x 的值为 1，再进行自增运算，结果为 2。而在（++p）–>x 中，首先计算++p，使得 p 指向 s[1]，再取其成员 x 的值，结果为 3。

2.（*b）.year　　b–>year

解析：使用指针变量引用结构体成员的方式有两种，即通过间接引用运算符、通过指向运算符。

3. struct　list　*next

解析：链表是将若干个结点相互链接起来的线性集合。此链表中结点的数据类型是结构体类型 struct list，包括数据域 date 和一个指针域。指针域用于指向下一个结点，因此，结点的第二个成员应为指向相同结构体类型数据的指针变量。

4.8

解析：结构体变量所占的内存字节数等于其中各个成员所占的字节数之和，而共用体变量所占的内存字节数是其中最长成员所需的字节数。本题结构体变量 a 有两个成员，整型变量 c 占 4 个字节，共用体变量 u 自己含有三个成员，其中占用内存空间最长的成员是 l，占 4 个字节，因此共用体变量 u 所占内存字节数为 4，结构体变量 a 所占内存字节数为成员 c 与成员 u 所占字节数之和，为 4+4=8。

四、读程序写结果

1. 运行结果：12

解析：本题考查了不同变量在内存中所占的字节数。针对 Visual C++ 2010 版本：char 型变量占 1 个字节；int 型和 long 型变量占 4 个字节；float 型变量占 4 个字节；double 型变量占 8 个字节。结构体类型数据所占空间等于各成员所占空间之和，所以此题结构体类型变量将会占用 4×3 共 12 个字节。

2. 运行结果：24

解析：本题考查了结构体类型的数组在内存中所占的字节数。sizeof（数组名）的值等于所有数组元素所占用的字节数之和。本题结构体类型中定义了两个成员，数组 a 中含有 3 个结构体类型的元素，每个元素占用 8 个字节，所以此结构体类型数组 a 将会占用 8×3 共 24 个字节。

3. 运行结果：2

解析：本题考查了结构体数组、指向结构体数组的指针。数组 data 的两个元素均为结构体类型。p=data 使指针变量指向数组元素 date[0]，所以 p–>x 就是 data[0].x，其值为 1。++（p–>x）为前自增，先自增后引用，所以输出结果为 2。

4. 运行结果：3, China

解析：本题考查了结构体数组、指向结构体数组的指针。p=x+2 使指针变量 p 指向数组元素 x[2]，所以 p–>num 的值即为 x[2].num 的值 3。注意之后输出的 x[0].name 的值与当前指针的指向没有联系。

5. 运行结果：2,4,3,9,12,12,11,11,18,18,

解析：本题考查了 typedef 定义结构体类型的别名、数组名作参数。在函数调用 f（x.a, x.n）中以结构体变量 x 的两个成员作参数。x.a 传递成员数组 a 的首地址，x.n 传递成员 n 的值。由于向被调函数传递数组的首地址，故可以在被调函数中改变主调函数中的数组元素的值。

五、改错题

1．（1）scanf（"%s",stu1.name）；　（2）strcpy（stu2.name,stu1.name）；

解析：（1）结构体的 name 成员是字符数组，数组名本身代表数组在内存中的首地址，作为 scanf 函数的参数时不需要再添加取地址运算符&。

（2）字符数组名之间不能直接赋值，必须使用专门的字符串复制函数。

2．（1）p=&std；　（2）（*p）.score=98；

解析：（1）通过将结构体变量 std 的地址值赋给结构体指针变量 p，建立指向关系。

（2）由于运算符"*"的优先级低于运算符"."，所以使用结构体指针 p 引用成员时，必须添加圆括号。

3．（1）max.age<std[i].age　（2）max.name,max.age

解析：（1）两个结构体变量之间不能直接进行关系运算，此处应该对两个结构体变量的 age 成员进行比较。

（2）结构体变量不能整体引用输出，必须明确到成员层面。

4．（1）struct　stud　*s　（2）scanf（"%d",&s->no）；

　　　（3）scanf（"%s",s->name）；　（4）input（&s[i]）；

解析：（1）input 函数负责输入数据，若直接用结构体变量作为函数参数，则数据不能回传给主调函数，所以应改为结构体指针参数，从而将数据存入主调函数中结构体数组的内存空间。

（2）由于已将 s 改为结构体指针，因此 input 函数中的两条 scanf 语句相应地改为 scanf（"%d", &s->no）；和 scanf（"%s",s->name）；。

（3）主函数中调用 input 函数的实参相应地改为指针型参数&s[i]。

六、补足程序

1．（1）tt　（2）tt.score[i]　（3）std

解析：在 main 函数中对结构体变量 std 初始化，然后通过调用 show 函数输出 std 中各成员的值。当函数调用时，实参与形参同为结构体类型，传递结构体变量 std 的值到 show 函数中。结构体变量中，score 成员为数组，输出时需要逐个元素输出。

2．（1）int score；　（2）max=stu1；　（3）max.score<stu2.score

根据输入与输出语句中 score 成员的格式，可以判定结构体类型 struct student 的定义中应为"int score;"。比较大小之前，首先选择一个 max 变量赋初值，使 max 变量具有可比性。

进行比较时，是对各变量的 score 成员与 max 的 score 成员进行大小比较。

3．（1）j=0　（2）name　（3）leader[j].count++；

解析：在三个候选人姓名中进行比较，循环变量 j 的初始值为 0。对选票上的名字与候选人的名字进行匹配，通过比较函数 strcmp 寻找相同姓名。比较函数 strcmp 的两个参数为数组名，用于存放选票姓名信息的 name 为一维数组，直接写数组名即可。

候选人的选票数量存储于 count 成员中，使相应候选人票数加 1 的方法为 leader[j].count++。

4．（1）std[]　（2）PERSON　（3）std

根据题目的要求，在 fun 函数中需用指针做形参进行地址传递。故形参应为结构指针或体数组形式的 std[]，实参应为结构体数组名 std。

第 12 章　结构体与共用体

作为数组元素交换的中介变量，temp 需与数组元素类型相同，因此也为结构体类型PERSON。

5.（1）std[i].year （2）std[i] （3）n

解析：在 fun 函数中将形参指针变量 std 指向主函数中的结构体数组 std，并遍历所有数组元素，依次与各个数组元素中 year 成员的值进行比较，找出符合条件的人员，因此 if 条件中填入 std[i].year。

将找到的人员信息 std[i]复制到指针形参 k 所指向的数组中。

函数 fun 中的变量 n 表示满足指定条件的人数，将其值作为函数的返回值。

七、编程题

1.

编程思路：

每名学生的信息包含不同类型的数据，因此需要将学生信息定义为结构体类型，再定义此结构体类型的数组，对数组元素进行输入、输出。

源程序：

```c
#include <stdio.h>
typedef struct
{char num[8];
 char name[9];
 int age;
 char department[20];
} STU;
int main(void)
{int i;
 STU  std[3];
 for(i=0;i<3;i++)
   {printf("第%d名同学的学号、姓名、年龄、院系:",i+1);
    scanf("%s%s%d%s",std[i].num,std[i].name,&std[i].age,std[i].department);
   }
 printf("各位同学的学号、姓名、年龄、院系信息: ");
 for(i=0;i<3;i++)
   printf("%d:%s  %s  %d   %s\n",i,std[i].num,std[i].name,std[i].age,
          std[i].department);
 return 0;
}
```

2.

编程思路：

首先根据人员信息的构成定义结构体类型。在输入信息时需要根据婚姻的两种情况输入不同的数据项，可以通过一个双分支选择结构实现。输出采用类似第 1 题的方式即可。

源程序：

```c
#include <stdio.h>
#include <string.h>
#define N 20
struct  registerable
```

```
{
 char name[9];
 char  sex[3];
 int  age;
 char  marry[2];
 char  spousename[9];
 int  spouseage;
};
int main(void)
{int i,n;
 struct registerable ts[N];
 printf("请输入人员数量: ");
 scanf("%d",&n);
 for(i=0;i<n;i++)
   {printf("请输入第%d个人的信息:\n",i+1);
    printf("姓名: "); scanf("%s",ts[i].name);
    printf("性别: "); scanf("%s",ts[i].sex);
    printf("年龄: "); scanf("%d",&ts[i].age);
    printf("婚否: "); scanf("%s",ts[i].marry);
    if(strcmp(ts[i].marry,"y")==0||strcmp(ts[i].marry,"Y")==0)
      {printf("配偶姓名: ");scanf("%s",ts[i].spousename);
       printf("配偶年龄: ");scanf("%d",&ts[i].spouseage);
       }
    else
      {strcpy(ts[i].spousename,"--");
       ts[i].spouseage=0;}
      }
   printf("员工信息表: \n ");
   printf("姓名 性别 年龄 婚否 配偶姓名 配偶年龄\n");
   for(i=0;i<n;i++)
   printf("%8s %s %d %s %8s %d\n",
     ts[i].name,ts[i].sex,ts[i].age,ts[i].marry,ts[i].spousename,
                        ts[i].spouseage);
   return 0;
   }
}
```

3.

编程思路：

由于每名学生的信息包括姓名和成绩两项，故采用结构体类型，并用结构体数组存放 10 名学生的信息。使用一种排序方法（此处使用冒泡法排序），以成绩为依据，对结构体数组元素进行排序。

源程序：

```
#include <stdio.h>
   struct student
   {char name[20];
    int  score;
    };
```

```
int main(void)
{
 struct student stu[10],temp;
 int i,j;
 for(i=0;i<10;i++)
     scanf("%s%d",stu[i].name,&stu[i].score);
 for(i=0;i<9;i++)          //冒泡法排序
     for(j=0;j<9-i;j++)
         if(stu[j].score<stu[j+1].score)
         {temp=stu[j];
          stu[j]=stu[j+1];
          stu[j+1]=temp;
          }
 for(i=0;i<10;i++)
     printf("%s %d\n",stu[i].name,stu[i].score);
 return 0;
}
```

4.

编程思路:

定义结构体数组存储多名学生信息。然后遍历所有元素寻找成绩满足条件者，输出这部分元素的信息。

源程序:

```
#include <stdio.h>
struct student
{char   num[8];
 char   name[10];
 float  grade;
 char   bdate[10];
 char   idate[10];
};
int main(void)
{int i;
 struct student arr[5];
 for (i=0;i<5;i++)          // 输入学生信息
    scanf("%s %s %f %s %s",arr[i].num,arr[i].name,&arr[i].grade,
            arr[i].bdate,arr[i].idate);
 printf("成绩在 80 分以上的同学信息：\n");
 for (i=0;i<5;i++)          // 打印成绩符合条件的学生信息
    if (arr[i].grade>80)
        printf("%s %s %.2f %s %s\n",arr[i].num,arr[i].name,arr[i].
                gread,arr[i].bdate,arr[i].idate);
 return 0;
}
```

5.

编程思路:

本题要实现多项任务，建议设计多个函数，分别实现：获取学生信息、计算数据、输出数据等功能。根据学生信息的组成情况定义结构体类型，在结构体数组中存入多名学生信息。在输出函数中输出所需信息。main 函数负责整体调度。注意区分每名学生的平均分与每门课程平均分的不同计算方法。

源程序：

```
#include <stdio.h>
#define N 10
typedef struct student
{char    no[5];
 char    name[10];
 int     c[3];
 int     total;
 int     aver;
} STT;
//获取每名学生的个人信息
void input(STT a[ ])
{int i;
 printf("请输入学生的学号、姓名、成绩: \n");
  for(i=0;i<N;i++)
    {printf("第%d名同学的信息: \n",i+1);
     printf("学号: ");scanf("%s",a[i].no);
     printf("姓名: ");scanf("%s",a[i].name);
     printf("三门课成绩: ");scanf("%d%d%d",&a[i].c[0],&a[i].c[1],
                                      &a[i].c[2]);
     a[i].total=a[i].c[0]+a[i].c[1]+a[i].c[2];
     a[i].aver=a[i].total/3;
     }
}
//计算出每门课的平均成绩
void workout(STT a[ ],int av[ ])
{int i,j;
 for(i=0;i<3;i++)
   for (j=0;j<N;j++)
     av[i]+=a[j].c[i];
}
//输出每门课的平均成绩与每名学生的成绩信息
void output(STT a[ ],int av[ ])
{int i;
 printf("\n课程1平均分: %3d,课程2平均分: %3d,课程3平均分: %3d\n",
        av[0]/N,av[1]/N,av[2]/N);
 printf("学生成绩信息表\n");
 printf("学号  姓名  成绩1 成绩2 成绩3 总分 平均分\n");
 for(i=0;i<N;i++)
   printf("%s %10s %3d %3d %3d %3d %3d\n",
a[i].no,a[i].name,a[i].c[0],a[i].c[1],a[i].c[2],a[i].total,
                    a[i].aver);
}
```

```
int main(void)
{STT cs[N];
 int av[3]={0};
 input(cs);
 workout(cs,av);
 output(cs,av);
 return 0;
}
```

6.

编程思路:

通过函数调用，遍历所有结构体数组元素，查找指定学号的学生数据。由于 fun 函数中需要结构体数组、指定学号两方面信息，所以形式参数可以设置为两个。在 fun 函数中，根据查找的结果不同，返回不同的学生数据。由于函数最多有一个返回值，而一名学生的数据包括学号和成绩两项，可以直接以结构体变量作为函数 fun 的返回值。最后在主函数中根据返回的数据输出相应信息。

源程序:

```
#include <stdio.h>
#include  <string.h>
#define  N 10
typedef struct
{char num[10];
 int  score;
} STREC;
STREC fun(STREC a[],char b[])
{
 STREC  result;
 int  i;
 for(i=0;i<N;i++)
   if(strcmp(a[i].num,b)==0)
     return(a[i]);
 //学号不存在时，执行下面的语句
 strcpy(result.num,"");
 result.score=-1;
 return(result);
}
int main(void)
{STREC stu[N],h;
 char m[10];
 int i;
 printf("请输入%d名学生的学号和成绩: \n",N);
 for(i=0;i<N;i++)
     scanf("%s%d",stu[i].num,&stu[i].score);
 getchar();      //用于接收前面输入结束后的换行符
 printf("请输入待查找的学号: ");
 gets(m);
```

```
h=fun(stu,m);
if(h.score==-1)
    printf("查无此学号! \n");
else
    printf("成绩:%d\n",h.score);
return 0;
}
```

第四单元 实 验 指 导

实验一

一、实验目的

1. 掌握结构体类型和结构体变量的定义方法及引用方法。
2. 掌握结构体类型数组的定义方法及引用方法。

二、实验要求

1. 仔细阅读下列实验内容，并编写相应的 C 语言源程序。
2. 在 C 语言运行环境下，编辑录入源程序。
3. 调试运行源程序，注意观察调试运行过程中发现的错误及改正方法。
4. 掌握根据出错信息查找语法错误的方法。
5. 最后提交带有充分注释的源程序文件（扩展名为 c）。要求该文件必须能够正确地编译及运行，并不得与他人作品雷同。

三、实验内容

1. 调试运行以下程序，观察并分析输出结果。

```
#include <stdio.h>
struct student
    {char num[10];
     char name[20];
     int score;
    };
int main(void)
{
 struct   student   stu1,stu2,stu3,temp;
 /*输入*/
 printf("请输入第一名学生的学号、姓名、成绩:\n");
 scanf("%s%s%d",stu1.num,stu1.name,&stu1.score);
 printf("请输入第二名学生的学号、姓名、成绩:\n");
 scanf("%s%s%d",stu2.num,stu2.name,&stu2.score);
 printf("请输入第三名学生的学号、姓名、成绩:\n");
 scanf("%s%s%d",stu3.num,stu3.name,&stu3.score);
```

```
/*排序*/
if (stu1.score<stu2.score)
{temp=stu1;stu1=stu2;stu2=temp;}
if (stu1.score<stu3.score)
{temp=stu1;stu1=stu3;stu3=temp;}
if (stu2.score<stu3.score)
{temp=stu2;stu2=stu3;stu3=temp;}
  /*输出*/
printf("排序结果:\n");
printf("%s %s %d\n",stu1.num,stu1.name,stu1.score);
printf("%s %s %d\n",stu2.num,stu2.name,stu2.score);
printf("%s %s %d\n",stu3.num,stu3.name,stu3.score);
return 0;
}
```

2. 下面程序的功能是求学生的平均成绩。调试运行以下程序，改正其中的错误。

```
#include <stdio.h>
struct stud
{
 char name[30];
 float score[4];
 float total;
 float average;
}
int main(void)
{
 struct   stud   st[5];
 int  i,j;
 printf("请输入学生的姓名、成绩·\n");
 for(i=0;i<5;i++)
 {
  scanf("%s",&st[i].name);
  for(j=0;j<4;j++)
     scanf("%f",st[i].score[j]);
 }
 printf("平均成绩为：\n");
 for(i=0;i<5;i++)
   {
   st[i].total=0;
   for(j=0;j<4;j++)
     st[i].total+=st[i].score[j];
   st[i].average=st[i].total/4;
   printf("%d\n",st[i].average);
   }
 return 0;
}
```

3. 编写程序：设有 5 名学生，每名学生的信息包括学号、姓名、3 门课程成绩、总分。

试用结构体数组编写程序，实现从键盘输入 5 名学生的数据（学号、姓名、3 门课程成绩），然后计算每名学生的总分，最后输出总分最高的学生数据（学号、姓名、3 门课程成绩、总分）。

提示，可定义如下结构体类型：

```
struct 结构类型标识符
{
char num[10];
char name[30];
float score[3];
float total;
}
```

实验二

一、实验目的

1. 掌握结构体指针的定义方法及引用方法。
2. 掌握链表的创建、遍历等操作。

二、实验要求

1. 仔细阅读下列实验内容，并编写相应的 C 语言源程序。
2. 在 C 语言运行环境下，编辑录入源程序。
3. 调试运行源程序，注意观察调试运行过程中发现的错误及改正方法。
4. 掌握根据出错信息查找语法错误的方法。
5. 最后提交带有充分注释的源程序文件（扩展名为 c）。要求该文件必须能够正确地编译及运行，并不得与他人作品雷同。

三、实验内容

1. 调试运行以下程序，观察并分析输出结果。

```
#include <stdio.h>
int main(void)
{
struct student
{char num[10];
 char name[20];
 int age;
}stu[3]={{"10101","Li",18},
      {"10102","Qi",19},
      {"10104","Yu",20}};
struct student *p;
for(p=stu;p<stu+3;p++)
    printf("%s,%s,%d\n",p->num,p->name,p->age);
return 0;
}
```

2. 程序的功能是调用 malloc 函数分配所需存储单元。调试运行以下程序，改正其中的错误。

```
#include <stdio.h>
int main(void)
{
 struct no
 {int n;
  struct no *next;
 }*p;
 P=(struct no)malloc(sizeof(struct no));
 scanf("%d",&n);
 p->next=NULL;
 printf("p->n=%d\tp->next=%x\n",p->n,p->next);
 return 0;
}
```

第13章 位 运 算

第一单元 重点与难点解析

1. 位运算中的&、|、~跟逻辑运算中的&&、||、!有何本质区别?

在逻辑运算中, 运算量作为一个整体参加运算, 只要一个运算量的值是非 0, 就看作真; 只要一个运算量的值是 0, 就看作假。逻辑运算的结果只能是逻辑值真或假, 也就是 1 或 0。

位运算针对运算量中的每一个二进制位进行运算, 各个二进制位的运算结果互不影响。位运算的结果可以是任意的整数。

2. 按位与运算符&有什么用途?

若要将一个整数中特定的二进制位清零, 只需将该位与 0 按位相与; 若要将特定的二进制位保留, 只需将该位与 1 按位相与。

例如:

```
  11001011B
& 11111100B
= 11001000B
```
即高 6 位不变, 低两位清 0。

3. 按位或运算符|有什么用途?

若要将一个整数中特定的二进制位置 1, 只需将该位与 1 按位相或; 若要将特定的二进制位保留, 只需将该位与 0 按位相或。

例如:

```
  00111010B
| 00001111B
= 00111111B
```
即高 4 位不变, 低四位置 1。

4. 按位异或运算符^有什么用途?

若要将一个整数中特定的二进制位取反, 只需将该位与 1 按位异或; 若要将特定的二进制位保留, 只需将该位与 0 按位异或。

例如:

```
  00111010B
^ 00001111B
= 00110101B
```
即高 4 位不变, 低四位按位取反。

5. 为什么按位左移一位相当于乘以 2 呢?

将某个整数按位左移一位, 实际上就是在这个整数的二进制形式的最后补上一个 0。

这将使得这个整数中的每一位二进制数的位权乘以 2，从而使整个整数的值乘以 2。这一点跟"在一个十进制整数的最后补上一个 0，相当于将这个数乘以 10"其实是同一个道理。

6. 是不是任意一个整数按位左移 1 位，都相当于将该数乘以 2 呢？

并不是。只有当一个整数按位左移之后未产生溢出时，左移 1 位才相当于乘以 2。反之，如果按位左移之后产生了溢出，导致了有效数字的丢失，这个规则就不成立了。

例如，若有 unsigned short int a =65535,b;b=a<<1;，则变量 a 的二进制形式的值为 1111111111111111，从而变量 b 的二进制形式的值为 1111111111111110，也就是十进制形式的 65534。

7. 在进行按位右移时，左边一定是补 0 吗？

并不是。对于非负整数（包括无符号整数），右移一位左边补上一个 0，相当于向下取整的被 2 整除。但对于一个负数，其补码形式的最高位为 1，如果右移一位左边也补上一个 0，结果将会变成一个正数，显然不是被 2 整除的关系。因此，为了使整数的右移功能保持一致，即右移一位相当于向下取整的被 2 整除，规定无符号整数按位右移时，左边一律补 0；有符号整数按位右移时，左边补上它的符号位。

第二单元 习 题

一、判断题

1. 当对一个数进行按位左移运算时,每左移一位,一定相当于移位对象乘以 2。(   )

2. 若使一个数中某些指定位翻转而另一些位保持不变，可以将此数与另一个数做"异或"运算。(   )

3. a 为任意整数，能将变量 a 清零的表达式为 a=a^a。(   )

4. 5|3<<2 的值为 32。(   )

5. 若已知 a=1，b=2，则表达式!a<b 的值为 0。(   )

二、选择题

1. 以下程序段中，变量 c 的二进制值是_____。

```
char a = 3,b = 6,c;
c = a^b << 2;
```

A. 00011011   B. 00010100   C. 00011100   D. 00011000

2. 以下程序的输出结果是_____。

```
#include <stdio.h>
int main(void)
{short int  x=35,y=15;
 char  z ='A';
 printf("%d\n", (x & y) && (z < 'a') );
}
```

A. 0   B. 1   C. 2   D. 3

3. 设有定义语句 char c1=92, c2=92;，则以下表达式中值为零的是_____。

A. c1^c2   B. c1&c2   C. ～c2   D. c1|c2

4. 表达式 0x13^0x17 的值是_____。

A. 0x04   B. 0x13   C. 0xE8   D. 0x17

5. 以下程序的输出为_____。

```
#include <stdio.h>
int main(void)
{printf("%d\n",12<<2);
 return 0;
}
```

A. 0   B. 47   C. 48   D. 24

三、填空题

1. 设变量 a 的二进制形式的值是 00101101，若想通过运算 a^b 使 a 的高 4 位取反，低 4 位不变，则变量 b 的二进制形式应该是_____。

2. 设 a 为短整型变量，能够将变量 a 中的所有二进制位均置为 1 的表达式是_____。

3. 能将字符型变量 x 的高 4 位全部置 1，低 4 位保持不变的表达式是_____。

4. 若有 short int a,b=040;,将变量 b 的值除以 4,然后赋给变量 a 的表达式是_____。

5. 若有 short int a=8,b=4;,则 a+b>>2 的值为_____。

四、读程序写结果

1.
```
#include <stdio.h>
int main(void)
{char x=021;
 printf("x=%d\n",x=x<<1);
 return 0;
}
```

2.
```
#include <stdio.h>
int main(void)
{short int  a=5,b=6,c=7,d=8,m=2,n=2;
 printf("%hd\n",(m=a>b)&(n=c>d));
 return 0;
}
```

3.
```
#include <stdio.h>
int main(void)
{char a,b;
 a=5^1;b=~3&1;
 printf("%d,%d\n",a,b );
 return 0;
}
```

五、编程题

1. 取出一个字符的二进制 ASCII 码的高 4 位，用十六进制表示。

2. 编写程序将一个十六进制短整数转换为二进制形式输出。

第三单元　习题参考答案及解析

一、判断题

1. 错误。

解析：只有左移之后的结果没有产生溢出时才正确。

2. 正确。

解析：与 1 进行"按位异或"的位可以实现翻转（因为 1^1=0，0^1=1，即 1 变成 0，0 变成 1）；与 0 进行"按位异或"的位保持不变（因为 1^0=1，0^0=0，确实没变）。

3. 正确。

解析：位异或运算符的功能是：两位相同时结果为 0，相异时为 1。这里进行异或的两个数中相对应的每一位都相同，故异或之后每一位都清 0。

4. 正确。

解析：在 C 语言中加号运算符（+）的优先级是 4，左移运算符（<<）的优先级是 5，表达式 5+3<<2 相当于表达式（5+3）<<2，即相当于 8<<2，进而相当于 8×4。

5. 错误。

解析：C 语言中逻辑非（！）运算符的优先级是 2，关系运算符小于（<）的优先级是 6，所以此处的表达式!a<b，等价于（!a）<b，进而等价于 0<2，结果为真，即 1。

二、选择题

1. A

解析：在 C 语言中位异或（^）优先级是 9，左移运算符（<<）的优先级是 5，所以表达式 a^b<<2 相当于 a ^（b << 2），即 00000011^（00000110<<2），即 00000011^00011000，结果是 00011011。

2. B

解析：先计算 x & y，即 0000000000100011&0000000000001111，结果是 0000000000000011，即 3；然后计算 z < 'a'，结果是 1；最后计算 3&&1，结果是 1。

3. A

解析：C 语言中字符型数据在内存中占用一个字节，92 的二进制编码是 01011100，所以 c1^c2=01011100^01011100=00000000，即 0。c1&c2=01011100&01011100=01011100，即 92。～c2=～01011100=10100011，即–93（如何计算？）。c1|c2=01011100|01011100=01011100，即 92。

4. A

解析：以 0x 开头表示十六进制形式，所以 0x13^0x17=00010011^00010111=00000100，即 0x04。

5. C

解析：12<<2，相当于 12×4，所以是 48。

三、填空题

1. 11110000

解析：按照按位异或的运算规则，两位相异时结果为 1，相同时结果为 0。变量 a 的高 4 位 0010 与 1111 进行按位异或运算后的结果为 1101；变量 a 的低 4 位 1101 与 0000 进行按位异或运算后的结果为 1101。

2. a=a|~a

解析：即 a=a|（~a），首先对变量 a 的值进行按位取反，然后再与变量 a 原来的值进行按位或运算。由于 a 与~a 所有对应位的值恰好相反，因此按位相或之后各位结果均为 1。例如，若 a 的值为 5，则 a=a|~a=0000 0000 0000 0101|~0000 0000 0000 0101=0000 0000 0000 0101|0000 0000 1111 1010=0000 0000 1111 1111。

3. x|0xf0

解析：0xf0 是十六进制形式，对应的二进制形式为 11110000，当与变量 x 进行按位或运算时，x 的高 4 位将全部置 1，低 4 位将保持不变。例如，当 x 值为 3 时，表达式 x|0xF0=00000011|11110000=11110011，符合题目要求。

4. a=b>>2

解析：除以 4 可以用右移 2 位来实现，040>>2=0000 0000 0010 0000>>2=0000 0000 0000 1000。八进制数 040 对应的十进制数是 32，右移之后的结果是十进制数 8。

5. 3

解析：因为加法运算符的优先级高于按位右移运算符，所以先进行加法计算，8+4>>2=12>>2=0000 0000 0000 1100>>2=0000 0000 0000 0011，即十进制数 3。

四、读程序写结果

1. 运行结果：

```
x=34
```

解析：021 是一个八进制数，对应的二进制形式为 00010001，所以 x<<1=00010001<<1=00100010，对应的十进制数为 34。

2. 运行结果：

```
0
```

解析：当对表达式（m=a>b）&（n=c>d）求值时，首先计算 a>b，c>d，然后分别赋给 m 和 n，然后进行按位与运算。此处 m=0，n=0，所以 0000 0000 0000 0000&0000 0000 0000 0000=0000 0000 0000 0000，即十进制数 0。

3. 运行结果：

```
4，0
```

解析：a=5^1=00000101^00000001=00000100，即十进制数 4。b=~3&1=~00000011&00000001=11111100&00000001=00000000，即十进制数 0。

五、编程题

1.

编程思路：

（1）输入一个字符保存在相应变量中。

（2）要取出某个字符的 ASCII 码值的高 4 位，只需将该字符的 ASCII 码值右移 4 位，再与 00001111 进行按位与运算即可。

（3）输出结果。

源程序：

```
#include <stdio.h>
int main(void)
{char num,num1, mask;
 printf("请输入一个字符: ");
 scanf("%c",&num);
 printf("字符%c的ASCII码的十六进制形式是:%x\n",num,num);
 num1=num;
 num1>>= 4;    //右移4位，将高4位移至低4位上
 mask=0x0f;    //十六进制数0f即二进制数00001111
 num1&=mask;
 printf("字符%c的ASCII码的高4位的十六进制形式是:%x\n",num,num1);
 return 0;
}
```

2.

编程思路：

（1）输入一个十六进制短整数并存入变量 num 中。

（2）构造一个屏蔽字 mask，其最高位为 1，其余各位均为 0。

（3）将 num 与 mask 进行按位与运算。若结果为非 0，则说明 num 的最高位为 1，否则为 0。

（4）输出这一位二进制数。

（5）将 num 的值左移一位，让次高位变为最高位。

（6）循环执行第（3）至（5）步，直至将 16 位二进制数分离并输出为止。

源程序：

```
#include <stdio.h>
int main(void)
{unsigned short int num,mask,i;
 printf("请输入一个十六进制短整数: ");
 scanf("%hx",&num);
 mask=1<<15;                   //令屏蔽字最高位为1，其余各位为0，即mask=0x8000
 printf("%hxH=",num);          //以十六进制形式输出
 for(i=1;i<=16;i++)
 {putchar(num&mask?'1':'0');   //输出最高位的值
  num<<=1;                     //将次高位移至最高位
  if(i%4==0) putchar(' ');     //4位一组，用空格分隔
 }
 printf("\bB\n");              //回退一格，删除最后一个空格
 return 0;
}
```

第四单元 实验指导

实验一

一、实验目的

1. 掌握位运算的概念和方法，学会使用位运算符。

2. 学会通过位运算实现对特定二进制位的操作。

二、实验要求

上机调试以下程序，分析其运行结果，并思考其中位运算的作用。

三、实验内容

1.

```c
#include <stdio.h>
int main(void)
{int a=11;
 int b=4;
 a=a&b;
 printf("%d",a);
 return 0;
}
```

2.

```c
#include <stdio.h>
int main(void)
{int a=58;
 int b=15;
 int c;
 c=a|b;
 printf("%d",c);
 return 0;
}
```

3.

```c
#include <stdio.h>
int main(void)
{int a=23;
 int b=0;
 int c;
 c=a^b;
 printf("%d",c);
 return 0;
}
```

4.

```c
#include <stdio.h>
int main(void)
{int a=26;
 int b=15;
 int c;
 c=a^b;
 printf("%d",c);
 return 0;
}
```

5.
```
#include <stdio.h>
int main(void)
{int a=3, b = 4;
 a=a^b; b=b^a; a=a^b;
 printf("a=%d,b=%d",a,b);
 return 0;
}
```

实验二

一、实验目的

1. 掌握位运算的概念和方法，学会使用位运算符。
2. 学会通过位运算实现对特定二进制位的操作。

二、实验要求

1. 仔细阅读以下实验内容，并编写相应的 C 语言源程序。
2. 在 C 语言运行环境下，编辑录入源程序。
3. 调试运行源程序，注意观察调试运行过程中发现的错误及改正方法。
4. 掌握根据出错信息查找语法错误的方法。
5. 最后提交带有充分注释的源程序文件（扩展名为 c）。要求该文件必须能够正确地编译及运行，并不得与他人作品雷同。

三、实验内容

1. 编写一个程序，将一个短整数的高字节和低字节分别用十六进制形式输出（用位运算实现）。
2. 编写一个程序，使一个短整数的低 4 位翻转（0 变 1，1 变 0），其余各位保持不变，要求用十六进制数形式输入和输出。

提示：与 1 进行"位异或"的位可以翻转；与 0 进行"位异或"的位保持不变。

第14章 文 件

第一单元 重点与难点解析

1. 为什么在程序中要使用文件?

使用文件的主要目的就是让数据长久保存下来。

2. 使用文件存储数据的基本步骤是什么?

最常用的方式是使用循环语句,从源文件中读出(或写入)一个数据,循环执行该步骤,直至到达源文件末尾(或写入数据结束)。

3. 文本文件和二进制文件的区别是什么?

文本文件以数据的 ASCII 码形式存储在计算机中,二进制文件以数据的内存形式存储在计算机中。例如,一个整数 128,在文件中以二进制形式存储就是 0000 0000 1000 0000,以文本形式存储就是('1','2','8')的 ASCII 码。

4. 文件读写函数分别在什么情况下使用?

向磁盘文件中写入数据的函数主要有 fputc 函数、fwrite 函数、fprintf 函数、fputs 函数,而使用 fgetc 函数、fread 函数、fscanf 函数、fgets 函数可以从磁盘文件中读取数据。fputc 函数用于将字符写到文件中,fgetc 函数表示从文件中读取一个字符,然后赋给对应的变量;fscanf 函数和 fprintf 函数与前面讲过的 scanf 函数和 printf 函数几乎相同,唯一的区别就是输入/输出终端发生变化;fgets 函数和 fputs 函数是文件中对于字符串的操作,fgets 函数是读入字符串,那参数肯定得表明读完的字符串放到哪儿、读多少、从哪个文件读,这就对应后面的 3 个参数。同样地,fputs 函数表示将字符串送到文件中,所以后面的参数就是要送的字符串和接收字符串的文件。

5. 对文件操作结束后,可以不关闭文件吗?

不可以。使用 fopen 打开的文件,一定要使用 fclose 关闭,否则会出现很多意想不到的情况,如对文件的更改没有被记录到磁盘上、其他进程无法存取该文件等。

第二单元 习 题

一、选择题

1. C 语言中,能识别处理的文件类型为_____。

A. 文本文件和数据块文件　　　　　　　　B. 文本文件和二进制文件

C. 流式文件和文本文件　　　　　　　　　　D. 数据文件和二进制文件

2. 若调用 fputc 函数输出字符成功,则其返回值是_____。

A. '\'　　　　　　　B. 1　　　　　　　C. 0　　　　　　　D. 输出的字符

3. 如果需要打开一个已经存在的非空文件"sdut"进行修改,下面正确的选项是_____。

A. fp=fopen（"sdut","r"）；　　　　　　B. fp=fopen（"sdut","file+"）；

C. fp=fopen（"sdut","w+"）；　　　　　　D. fp=fopen（"sdut","r+"）；

4. 若要打开 C 盘上根目录下名为 sdut.txt 的文本文件进行读、写操作，下面符合此要求的函数调用是_____。

A. fopen（"C:\sdut.txt","r"）　　　　　　B. fopen（"C:\\sdut.txt","r+"）

C. fopen（"C:\sdut.txt","rb"）　　　　　　D. fopen（"C:\\sdut.txt","w"）

5. 若 fp 是指向某文件的指针，且已读到文件末尾，则函数 feof(fp)的返回值是_____。

A. 0　　　　　　B. -1　　　　　　C. NULL　　　　　　D. 非零值

6. fscanf 函数的正确调用形式是_____。

A. fscanf（文件指针,格式字符串,变量名表）；

B. fscanf（格式字符串,变量名表,文件指针）；

C. fscanf（格式字符串,文件指针,表量地址表）；

D. fscanf（文件指针,格式字符串,表量地址表）；

7. fwrite 函数的一般调用形式是_____。

A. fwrite（buffer,count,size,fp）；　　　　　　B. fwrite（fp,size,count,buffer）；

C. fwrite（fp,count,size,buffer）；　　　　　　D. fwrite（buffer,size,count,fp）；

8. 在对文件操作的过程中，若要求文件的位置指针回到文件的开始处，应当调用的函数是_____。

A. rewind　　　　　　B. home　　　　　　C. fputc　　　　　　D. fclose

9. 若有以下程序

```
#include <stdio.h>
int main(void)
{FILE *fp;
 int k,n,a[6]={1,2};
 fp=fopen("sdut.dat","w");
 fprintf(fp,"%d%d%d\n",a[0],a[1],a[2]);
 fprintf(fp,"%d%d%d\n",a[3],a[4],a[5]);
 fclose(fp);
 fp=fopen("sdut.dat","r");
 fscanf(fp,"%d%d",&k,&n);printf("%d %d\n",k,n);
 fclose(fp);
}
```

则程序运行后的输出结果是_____。

A. 1 2　　　　　　B. 1 0　　　　　　C. 120 0　　　　　　D. 120 000

二、读程序写结果

1.

```
#include <stdio.h>
int main(void)
{FILE *fp; int i=2,j=3,k,n;
 fp=fopen("zzx.dat","w");
 fprintf(fp,"%d\n",i);fprintf(fp,"%d\n",j);
 fclose(fp);
 fp=fopen("zzx.dat","r");
 fscanf(fp,"%d%d",&k,&n);
```

```
    printf("%d %d\n",k,n);
    fclose(fp);
}
```

2.

```
#include <stdio.h>
void fc(FILE *p)
{char c;
 while((c=fgetc(p))!='#') putchar(c);
}
int main(void)
{FILE *fp;
 fp=fopen("a1.txt","r");
 fc(fp);
 fclose(fp);
 fp=fopen("a2.txt","r");
 fc(fp);
 fclose(fp);
 putchar('\n');
}
```

假定文件 a1.txt 内容为 123#

文件 a2.txt 内容为 321#

三、补足程序

1. 下面程序把从键盘输入的文本（用@作为文本结束标志）写入一个名为 newfile.dat 的新文件中。

```
#include <stdio.h>
#include <stdlib.h>
int main(void)
{FILE *fp;
 char ch;
 if((fp=fopen(_____))==NULL) exit(0);
 while((ch=getchar())!='@') fputc(ch,fp);
 fclose(fp);
}
```

2. 以下程序实现将一个文件的内容复制到另一个文件中，两个文件的文件名（可以包含路径）在命令行中给出。

```
#include <stdio.h>
int main(int argc, char *argv[ ] )
{FILE *f1,*f2;
 char ch;
 f1=fopen(argv[1],"r");
 f2=fopen(argv[2],"w");
 while(___(1)___) fputc(ch,___(2)___);
 ___(3)___;___(4)___;
}
```

3. 以下程序用来统计文件中字符的个数。

```c
#include <stdio.h>
#include <stdlib.h>
int main(void)
{FILE *fp ; long num=0;char ch;
 if((fp=fopen("fname.dat",____(1)____))==NULL)
   { printf("Open error\n"); exit(0);
   }
 while(____(2)____)
   { num++;
   }
printf("num=%d\n",num);
fclose(fp);
}
```

四、编程题

1. 在 D 盘根目录中新建一个磁盘文件"letter.txt"，将 26 个小写英文字母顺序存入这个文件中。

2. 在 D 盘根目录中有一个文本文件"exp.txt"，逐个读出其中的内容并输出到显示器上。

3. 从键盘输入一个字符串，将其中的小写字母全部转换成大写字母，然后写入当前目录中的磁盘文件"test.txt"中保存，输入的字符串以"!"作为结束标志。

4. 在当前目录中有两个磁盘文件"a1.txt"和"b1.txt"，各存放一行字母，要求把这两个文件中的内容合并，并且按照字母顺序排序之后输出到当前目录中的新文件"c1.txt"中。

第三单元　习题参考答案及解析

一、选择题

1. B
解析：C 语言中，按照文件内部数据的表示形式不同，将文件分为文本文件和二进制文件两种，因此选项 B 是正确的。流式文件是指 C 语言中文件的构成原素是字节而不是记录。没有数据块文件这个说法。数据文件的意义太宽泛，也不是正确的答案。

2. D
解析：fputc 函数的原型为　int fputc（char ch，FILE *fp）。该函数的功能是将 ch 中的字符写入文件指针 fp 所指向的文件中。若成功，则返回该字符；否则，返回 EOF。

3. D
解析：题目要求是对已经存在的非空文件"sdut"的内容进行修改，不能覆盖掉文件中已有的内容，因此 r 方式是不合适的，它只能读出，不能写入；w+方式也是不合适的，它会覆盖掉已有内容；没有 file+方式，因此选项 D 是正确的，它既可读出或改写任意位置的已有数据，也可在文件末添加数据。

4. B

解析：题目要求对 C 盘根目录下的 sdut.txt 文件进行读写操作，首先扩展名为 txt 的文件是一个文本文件，所以不能使用 rb 方式。其次 C 盘根目录下文件名的写法是盘符加冒号加两个反斜线再加文件名的格式。字符串中的普通反斜线要用两个反斜线表示。

5. D

解析：feof（fp）函数的功能是判断 fp 所指向的文件是否到达文件末尾。若是，则返回非 0 值；没有到达文件末尾时返回 0。

6. D

解析：fscanf 函数的一般形式为 fscanf（文件指针,格式字符串,变量地址项）;其中，第一个参数"文件指针"用于指向待操作的文件；后面的两个参数实现的功能是按指定格式读取数据并存入对应的变量中。这里用到的变量就是输入表列。

7. D

解析：块写入函数 fwtrite 的函数原型为 int fwrite（void *pt,unsigned size,unsigned n,FILE *fp）。它的功能是将指针 pt 所指向的连续 n 个长度为 size 字节的数据块，写入文件指针 fp 所指向的文件中。这里的 buffer 指数据块指针，fp 指向一个文件，size 代表长度为 size 个字节，count 代表数据块个数。

8. A

解析：rewind（fp）函数的功能是将 fp 所指向的文件的读写位置指针重新定位到文件首。

9. C

解析：本程序用到了两个整型变量 k 和 n，还有一个整型数组 a，其数组元素 a[0]~a[5] 的值分别是 {1,2,0,0,0,0}。还有一个文件指针 fp，它指向被打开的文件"sdut.dat"。第一次用"w" 方式打开文件，也就是只写的方式。语句 fprintf（fp,"%d%d%d\n",a[0],a[1],a[2]）;将数组 a 中前三个元素的值写入文件 sdut.dat 中，最后写入一个换行符。同理，第二个 fprintf 函数语句将数组 a 后三个元素的值写入文件 sdut.dat 中。这时，文件 sdut.dat 中的内容是

120

000

写入过程结束，文件被关闭。接下来用"r"方式，也就是只读方式再次打开"sdut.dat"文件，从中取出第一个整数赋值给变量 k，取出第二个整数赋值给变量 n，也就是 k 的值是 120，n 的是 0。

二、读程序写结果

1. 运行结果：

```
2 3
```

解析：该程序使用两个 fprintf 函数将变量 i 的值 2 和变量 j 的值 3 分别写入 zzx.dat 文件中，这时 zzx.dat 文件中的内容是：

```
2
3
```

这时再用 fscanf 函数读出两个整数分别赋值给变量 k 和 n，k 的值是 2，n 的值是 3。

2. 运行结果：

```
123321
```

解析：程序中 fc 函数的功能是从指针 p 指向的文件中依次取出每一个字符，输出在显示器上，直到遇到"#"。在主程序中，依次用只读方式打开 a1.text 文件和 a2.txt 文件，然后调用 fc 函数，将两个文件中的内容分别取出，并在显示器上显示。

三、补足程序

1. "newfile.dat","w" 或 "newfile.dat","w+"

解析：按照 fopen 函数的原型，第一个参数是文件名，也就是 newfile.dat；第二个参数是文件打开方式，这里需要对文件进行写入操作，所以使用 w 或者 w+方式。需要注意的是，两个参数的双引号不能省略。

2.（1）(ch=fgetc（f1）) !=EOF　（2）f2　（3）fclose（f1）　（4）fclose（f2）

解析：本题中使用了 main 函数的第二个参数 argv，它是一个字符指针的数组，每个元素都是一个字符指针，指向一个字符串，即命令行中的每一个参数。这里不必过于纠结参数的问题，只需要根据程序功能确定 while 循环语句的功能，就可以确定四个空的答案。也就是，循环执行从文件 f1 中取出一个字符，复制到文件 f2 中这个操作，直到 f1 到达文件末尾。然后关闭文件 f1 和 f2。

3.（1）"r"　（2）(ch=fgetc（fp）) !=EOF

解析：文件处理的基本流程是打开文件、读写文件、关闭文件。这里的 if 语句用于判断文件是否正确打开。程序功能要统计文件中字符的个数，并不需要修改文件内容，因此使用"r"方式打开文件即可。接下来的 while 循环用来实现对字符个数的统计功能。使用 fgetc 函数取出一个字符就给 num 变量加 1，直到文件结束。最后输出计算结果，并关闭文件。

四、编程题

1.
编程思路：
首先用"w"方式打开 letter.txt 文件，然后用一个 for 循环并使用 fputc 函数将 26 个小写字母依次输出到文件中，最后关闭文件即可。

源程序：

```
#include "stdio.h"
#include "stdlib.h"
int main(void)
{
FILE *fp;char ch;
if((fp=fopen("d:\\letter.txt","w"))==NULL)
    {printf("Can not open this file!");
     exit(0);
    }
for(ch='a';ch<='z';ch++)
    fputc(ch,fp);
fclose(fp);
}
```

2.
编程思路：

首先用"r"模式打开 exp.txt 文件，然后用一个 while 循环将其中的字符逐个读出并输出到显示器上，最后关闭文件。

源程序：

```c
#include "stdio.h"
#include "stdlib.h"
int main(void)
{
FILE *fp;char ch;
if((fp=fopen("d:\\exp.txt","r"))==NULL)
    {printf("Can not open this file!");
     exit(0);
    }
while((ch=fgetc(fp))!=EOF)
    putchar(ch);
fclose(fp);
}
```

3.

编程思路：

此程序流程可以分为五步。第一步是从键盘输入字符串。需要定义一个字符数组，然后使用 gets 函数从键盘接收输入的字符串。第二步是将字符数组中的小写字母转换成大写字母，需要在循环语句中利用大写字母 ASCII 码比小写字母 ASCII 码小 32 这个特点进行计算。第三步是打开文件。第四步是将字符数组中的数据写入文件 test.txt。第五步是关闭文件。

源程序：

```c
#include <stdio.h>
#include <stdlib.h>
int main(void)
{
  FILE *fp;
  char str[100];
 int i=0;
 gets(str);
 if((fp=fopen("test.txt","w"))==NULL)
    {printf("Can not open this file.\n");
     exit(0);
    }
 while(str[i]!='\0')
 { if (str[i]>='a' && str[i]<='z')
      str[i]=str[i]-32;
   fputc(str[i],fp);
   i++;
 }
 fclose(fp);
}
```

4.

编程思路：

本程序设计时可以分为三大步，第一步先分别将 a1.txt 和 b1.txt 文件的内容读出存放到数组 c 中。第二步对数组 c 的内容排序。第三步将数组内容写入 c1.txt 文件中。

源程序：

```c
#include <stdio.h>
#include <stdlib.h>
int main(void)
{FILE *fp;
 int i,j,m,n;
 char c[100],t,ch;
 if((fp=fopen("a1.txt","r"))==NULL)
    {printf("can not open file a1.txt\n");
     exit(0);
    }
 printf("\n file a1.txt:\n");
 for(i=0;(ch=fgetc(fp))!=EOF;i++)
    {c[i]=ch;
     putchar(c[i]);
    }
 fclose(fp);
 m=i;
 if((fp=fopen("b1.txt","r"))==NULL)
    {printf("can not open file a2.txt\n");
     exit(0);
    }
 printf("\n file b1.txt:\n");
 for(i=m;(ch=fgetc(fp))!=EOF;i++)
    {c[i]=ch;
     putchar(c[i]);
    }
 fclose(fp);
 n=i;
for(i=0;i<n;i++)
  for(j=i+1;j<n;j++)
    if(c[i]>c[j])
    {t=c[i];  c[i]=c[j];  c[j]=t;}
printf("\n file c1.txt:\n");
fp=fopen("c1.txt","w");
for(i=0;i<n;i++)
    {fputc(c[i],fp);
     putchar(c[i]);
    }
 fclose(fp);
}
```

第四单元　实验指导

实验一

一、实验目的

1. 理解文件和文件指针的概念及文件的创建方法。
2. 学会使用打开、关闭、读、写等文件操作函数。

二、实验要求

1. 阅读已经给出的源程序，分析出程序完成的功能。
2. 根据题目的要求，把程序补充完整。
3. 根据题目的要求，写出能完成功能的源程序。
4. 在 C 语言编译器中验证并分析结果。

三、实验内容

1. 阅读下列程序，分析其功能。

```c
#include<stdio.h>
#include<string.h>
#include<stdlib.h>
int main(void)
{FILE *fp; char ch; int n=0;
 fp=fopen("sdut.dat","r");
 if(fp==NULL)    /*检查打开的操作是否出错*/
   {
    printf("打开文件 sdut.dat 出错! ");
    exit(0);
    }
 ch=fgetc(fp);
 while(ch!=EOF)
   {
    if (ch=='a'|| ch=='A')
       n++;
    ch=fgetc(fp);
   }
 printf("count=%d\n",n);
 fclose(fp);
}
```

2. 补充程序题。已知数据文件 in.dat 中存有 200 个四位正整数，调用函数 read 把这些数读出并存入数组 a 中。调用 jsval 函数实现两个功能，其一是统计这 200 个四位数中满足条件的数的个数，条件是：四位数的每一位数字都是奇数。统计出的个数存放于变量 cnt 中。其二是把这些四位数按从大到小的顺序存入数组 b 中。最后用函数 write 把结果 cnt 及数组 b 中的内容输出到文件 out.dat 中。

```
#include<stdio.h>
#include<string.h>
#include<stdlib.h>
#define MAX 200
int a[MAX],b[MAX],cnt=0;
void write();
void jsval();
void read();
int main(void)
{int i;
 read();
 jsval();
 printf("四位数字都是奇数的有%d个。\n",cnt);
 for(i=0;i<cnt;i++)
    printf("%d\n",b[i]);
 printf("\n");
 write();
}
void read()
{int i;
 FILE *fp;
 fp=fopen("in.dat","r");
 for(i=0;i<MAX;i++)

    _____

 fclose(fp);
}
void jsval()
{int i,j;                            /*定义循环控制变量*/
 int a1,a2,a3,a4;                    /*定义变量保存四位数的每位数字*/
 int temp;                          /*定义数据交换的暂存变量*/
 for(i=0;i<MAX;i++)                  /*逐个取每一个四位数*/
   {a4=a[i]/1000;                    /*求四位数的千位数字*/
    a3=a[i]%1000/100;                /*求四位数的百位数字*/
    _____ ;                /*求四位数的十位数字*/
    a1=a[i]%10;                      /*求四位数的个位数字*/
    if(_____)    /*如果四位数的各位数字均是奇数*/
      {
       b[cnt]=a[i];                  /*将满足条件的数存入数组b中*/
       cnt++;                        /*统计满足条件的数的个数*/
      }
   }
for(i=0;i<cnt-1;i++)                 /*将数组b中的数按从大到小的顺序排列*/
   for(j=i+1;j<cnt;j++)
     if(b[i]<b[j])
       {temp=b[i];  b[i]=b[j];  b[j]=temp;
       }
}
```

```
void write()
{FILE *fp; int i;
   _____
   if(fp==NULL)
      {printf("打开文件 sdut.dat 出错! \n");
       exit(0);
      }
   fprintf(fp,"%d\n", _____);
   for(i=0;i<cnt;i++)
      fprintf(fp,"%d\n", _____);
   fclose(fp);
}
```

3. 编写一个程序，将从键盘输入的字符串加密后保存到文件 password.txt 中。加密采用字符值加 1 的方法，以 26 个英文字母为一个循环，大小写保持不变。若输入的字符为'a'，则加密之后的字符为'b'，以此类推；若输入的字符为'z'，则加密之后的字符为'a'；其他非字母字符保持不变。

第 14 章 文 件

参 考 文 献

[1] King K N. C 语言程序设计现代方法[M]. 2 版. 吕秀锋, 黄倩, 译. 北京: 人民邮电出版社, 2010.

[2] 宋吉和. C 语言程序设计实验教程[M]. 2 版. 东营: 中国石油大学出版社, 2006.

[3] 李增祥. C 语言程序设计实验教程[M]. 北京: 人民邮电出版社, 2011.

[4] 田淑清. 全国计算机等级考试二级教程—C 语言程序设计[M]. 2016 年版. 北京:高等教育出版社, 2015.